如何办个赚钱的
黄鳝泥鳅家庭养殖场

◎李典友 高本刚 编著

中国农业科学技术出版社

图书在版编目(CIP)数据

如何办个赚钱的黄鳝、泥鳅家庭养殖场 / 李典友, 高本刚
编著. —北京:中国农业科学技术出版社, 2015.6

(如何办个赚钱的特种动物家庭养殖场)

ISBN 978 - 7 - 5116 - 2072 - 9

Ⅰ.①如… Ⅱ.①李…②高… Ⅲ.①黄鳝属 – 淡水养殖
②泥鳅 – 淡水养殖 ③黄鳝属 – 养殖场 – 经营管理 ④泥鳅 –
养殖场 – 经营管理 Ⅳ.①S966.4

中国版本图书馆 CIP 数据核字(2015)第 082291 号

选题策划	闫庆健
责任编辑	闫庆健　潘月红
责任校对	贾晓红

出 版 者	中国农业科学技术出版社
	北京市中关村南大街 12 号　邮编:100081
电 　 话	(010)82106632(编辑室)　(010)82109702(发行部)
	(010)82109709(读者服务部)
传 　 真	(010)82106625
网 　 址	http://www.castp.cn
经 销 者	各地新华书店
印 刷 者	廊坊佰利得印刷有限公司
开 　 本	850mm×1 168mm　1/32
印 　 张	7.25
字 　 数	187 千字
版 　 次	2015 年 6 月第 1 版　2019 年 5 月第 2 次印刷
定 　 价	35.00 元

前 言

　　黄鳝、泥鳅为我国传统的名优水产鱼类，肉多刺少、味道鲜美、营养丰富，是高蛋白、低脂肪的水产肉食品。近年来，随着人们生活水平的不断提高，我国水产养殖生产结构变化调整，发展名优水产品。根据市场和外贸及加入世界贸易组织（WTO）我国发展出口创汇，对黄鳝、泥鳅等水产品的要求，促使黄鳝、泥鳅养殖业快速向规模化、集约化、产业化方向发展，发展黄鳝、泥鳅生产前景广阔。

　　我国淡水资源极其丰富，加之黄鳝、泥鳅适应性强，对环境条件要求不高，抗病力强，很少生病，生命周期短，生长繁殖快，饵料广，易饲养，产量高；饲养设备简单，投资少，经济效益高。

　　农村人工养殖黄鳝、泥鳅可利用房前屋后空闲地或利用池沼、洼地、水凼、坑塘等养殖，供应市场，可增加农民经济收入，成为农村致富的一项新兴养殖业。

　　为了满足广大农民和水产生产者发展优质高产高效养殖黄鳝、泥鳅的技术需求，编者收集、总结多年来从事黄鳝、泥鳅生产单位和专业户的实际生产经验，并参考了相关研究成果，编写了《如何办个赚钱的黄鳝、泥鳅家庭养殖场》一书。

本书系统地介绍了黄鳝、泥鳅的经济价值、形态与内部结构、生活与繁殖习性、黄鳝、泥鳅养殖对环境条件的要求，人工繁殖技术、苗种培育、黄鳝、泥鳅的饲养管理、病害防治、捕捞、贮养与运输及其利用等技术。书中内容充实、新颖、科学、实用，可操作性强，文字简洁，通俗易懂，图文并茂。适用于农村水产养殖者和水产生产、销售等技术人员阅读，亦可作为农村水产专业人员的培训教材。

黄鳝、泥鳅养殖业是一门新兴水产养殖业，养殖技术与产品开发仍在不断深入研究中，加之作者水平所限及其生产实践经验不足，书中难免有错漏和不妥之处，恳请读者提出修改意见，以便再版时修正、充实、提高。

编著者

2014 年 7 月于皖西学院

目 录

第三篇　黄鳝、泥鳅生态混养技术

第一篇
黄鳝、泥鳅的生产与前景

黄鳝、泥鳅的生产历史、
现状与发展前景

第一节　黄鳝的生产与前景

一、黄鳝的起源

黄鳝俗称鳝鱼、长鱼、田鳝或田鳗，因体黄得名，为温热带的淡水底栖生活鱼类。在分类学上属于鱼纲、辐鳍亚纲、合鳃目、合鳃科、黄鳝亚科、黄鳝属。我国仅产一种黄鳝，但分布很广。除青藏高原以外，全国各水系、各种水体均有分布，尤其在长江流域和江南各省更为普遍。

黄鳝古称为鮰和鲭、黄鲭，通称黄鳝或鳝鱼。我国人民认识利用黄鳝历史较为悠久，古文内最早为"鮰"字，如周秦间人所著的《山海经》内就有"灌河之水其中多鮰"。"鲭"字见于梁朝陶宏景（公元452—536年）《名医别录》中称"鲭是荇根所化"，又云"为死人发所化"。韩保升等在《蜀本草》中称"鲭鱼生水岸泥窟中，似鳗鲫而细长，亦似蛇而无鳞，有青黄二色"；宋寇宗爽《本草衍义》中称"鲭腹黄，故世称黄鲭"；明朝李时珍（公元1518—1593年）《本草纲目》中称"黄质黑章，体多涎沫，大者长二三尺，夏出冬蛰"。描述十分简洁而确切。关中、晋南地区也称蛇鱼。很早的时候人们就将它作为菜肴，并开展囤养，李时珍记道："南人粥鲫肆中，以缸贮水畜数百头"。说的是我国南方粥鳝餐馆囤养鳝的方法。20世纪80年代以前，我国的黄鳝养殖很少，食用的黄鳝主要是捕捞野生的黄鳝。黄鳝历史上曾较长时期被纳入"小水产""野杂鱼"。

我国和日本都有"伏天黄鳝胜人参"的说法。由于黄鳝的营养价值、保健功能及药用效果，已经被世界诸多国家所认同，美国、欧盟地区的一些国家及韩国、日本每年都进口大批黄鳝。

二、中国黄鳝养殖现状

我国黄鳝资源丰富，从20世纪50年代末开始到70年代，主要是天然捕捉的活体黄鳝，不仅国内上市，而且对外出口到欧美国家及日本、韩国、泰国，此外还供应我国香港、澳门、台湾等地。随着国内外市场对黄鳝的需求量大幅度上升，野生黄鳝供不应求，且资源日见匮乏。湖南省20世纪50年代末至60年代初，每年黄鳝收购量为10万千克以上，出口量为2.3万~6万千克，最高年份收购量达27.5万千克；60年代末至70年代初，每年收购量为11.6万~22.7万千克，出口量为9.2万~18.2万千克。20世纪70年代初，江苏省沙州市（今张家港市）开始试养黄鳝，真正开展黄鳝养殖还是20世纪80年代中后期直至进入21世纪，长江中下游及天津地区等科研单位对黄鳝的生物学特性和人工养殖的设备、放养管理技术、生态养鳝配套饵料和病害防治等进行攻关研究，促进了黄鳝养殖业的快速发展。全国出口量增加较快。1981 年湖南省出口 42.7 万千克，1982 年达 30.4 万千克，创汇 71 万美元。20 世纪 80 年代初，出口达 80 万千克左右，至 90 年代增长至 100 万千克，年最高出口量达 200 万千克。

20 世纪 90 年代中期至 2001 年春季，黄鳝养殖业发展较快，尤其是湖北、湖南、江苏、浙江、四川、上海等省市养鳝业发展迅猛，虽然为市场提供了大量的黄鳝产品，但仍然存在供不应求的局面，黄鳝市场价格居高不下。这个期间黄鳝养殖形式多样化，已经由以水泥池为主的零星养殖发展到网箱养殖、规模养殖、室内养殖、生态养殖等多种形式的集约化养殖。

三、黄鳝养殖前景

据资料报道，国内市场每年黄鳝需求量在 300 万吨以上，日本、韩国每年需要从我国进口 20 多万吨。在冬季，沪、宁、杭等地黄鳝日需求量百吨以上，而国内黄鳝总产量不足 200 万吨，供求矛盾显而易见。而野生黄鳝资源在有的地区已经被大量破坏，由于消费市场的增长和天然资源减少，使黄鳝市场供应日趋紧张，价格不断攀升。据资料记载，2010 年底，武汉、北京、上海等地每千克黄鳝价格维持在 46～80 元，最高达 100 元。可见，人工养殖黄鳝潜力巨大，获利丰厚。同时由于黄鳝生活力强，对水体、水质等生活环境条件要求较低，人工饲养可利用房前屋后空闲地建池。占地少，养殖设备简单，易于饲养管理，而且饵料来源广，投资少，黄鳝抗病力强，具有辅助呼吸器官，能直接从空气中吸收氧气，便于运输，产量高，收益快。如在夏秋季节将各种规格黄鳝放入池中喂养，到春节前后即可捕捞供应市场，适合农村家庭养殖，可增加农民收益。因此，养鳝业展现出美好的前景。

农业部渔业局统计年鉴显示，2006 年全国养鳝网箱达300 万只，黄鳝产量 19.24 万吨，但仍满足不了市场需求。特别是近几年，黄鳝的人工饲养技术、苗种规模化人工繁殖批量生产，配合饵料生产及鳝病防治等技术方面均有突破性进展，对促进黄鳝养殖向规模化、集约化、商品化生产方向发展都具有重要意义。

附：黄鳝养殖效益分析

以一口 10 平方米的养殖池为例来概算黄鳝养殖的经济效益：

1. 建池费用 200 元；

2. 收购 20 千克野生黄鳝，以夏季中等规格（条重 30 ~ 50 克）黄鳝每千克 15 元计，需花成本 300 元；

3. 经 5 ~ 8 个月的饲养，黄鳝体重可增加 3 ~ 5 倍，以增重 3 倍计算，则 20 千克黄鳝可增重 60 千克，按每增重 1 千克黄鳝的饵料成本 8 元计（若大量采用蝇蛆、蚯蚓等成本还可大大幅度下降），则需花费饵料成本 480 元；

4. 药物及其他开支计 100 元。以上 4 项成本总共为 1 080 元。而所获得的是大规格黄鳝（条重 100 克以上）80 千克，按冬春季市场收购大规格黄鳝的中等价格（每千克 40 元）计算，则可收入 3 200 元，投入产出比为 1 : 2。即 10 平方米的养殖池，在几个月的养殖期内，可创利润达 2 000 多元（每平方米 200 元）。

第二节　泥鳅的生产与前景

一、泥鳅的营养价值及市场价值

泥鳅为高蛋白、低脂肪类型的名优水产品种。其肉质细嫩，肉味鲜美，营养丰富，素有水中人参之美誉。是一种风味独特的佳肴，故有"天上的斑鸠、地下的泥鳅"之誉称。泥鳅的可食用部分占鱼体的 80% 左右，高于一般淡水鱼类。据测定，每 100 克泥鳅肉中含蛋白质 22.6 克、脂肪 2.9 克、糖类 2.5 克、灰分 1.6 克、钙 5.1 毫克、铁 2.9 毫克、热量 4 912 千焦，还含有多种维生素。此外，泥鳅还含有较多的不饱和脂肪酸。

另外，泥鳅还具有特殊的药效，其性味甘、平，在《本草纲目》中记载，泥鳅有"暖中益气"的功效。概括起来，泥鳅对治疗肝炎、小儿营养不良、小儿盗汗、老年性糖尿病、癫痫、痔疮、皮肤瘙痒、腹水、阳痿和乳痛等都有一定的疗效。

从国内市场看，泥鳅在全国各地都有消费，但以川渝地区的消费量较大，除旺季野生泥鳅供应外，多数依靠从养殖数量较大的江苏、河南等地调入，这里的泥鳅市场价格也比泥鳅养殖集中的地区略高，而且呈现逐年上涨趋势。中国水产养殖网泥鳅行情直通车数据显示，2014年12月，成都白家水产市场上1千克50条以内的黄板鳅批发价格是34~36元/千克，1千克50~70条黄板鳅批发价格是32~34元/千克，1千克70~100条黄板鳅批发价格是29~30元/千克。纵观国内市场，泥鳅市场价格也几乎是连年攀升。

泥鳅在国际市场的销量也一直被看好。韩国、日本以及我国的港澳地区都大量要货。2013年梁山县小路口镇小路口村农民汪如辉在信用联社的资金扶持下，投资100万元建起了占地30亩（1亩约为667平方米，全书同）的泥鳅养殖场，由于引进良种科学饲养，每亩收入5 000多元，成品泥鳅销往韩国、日本、东南亚等国家和地区，年销售8 000万尾，带动周边1 000多人从事泥鳅的饲养、贩运、销售，成为农民发家致富的好路。另外，江苏连云港、安徽省怀远县、山东省微山县、河南省范县、天津宁河县、辽宁省沈阳市等地每年也有大量泥鳅出口到韩国和日本等地。

二、泥鳅的高效益饲养优势

泥鳅固有的一些优点为开展规模化高效益养殖提供了很好的条件，其主要优势有对水体依赖性较小、饲料容易解决、繁殖能力比较强、泥鳅的生长速度快。

泥鳅能够利用皮肤、肠道进行呼吸。这一点使泥鳅能够非常耐低氧，可以实现高密度养殖的模式，不会出现一般鱼类缺氧泛塘的现象。

泥鳅的食性杂，饲料也比较容易解决。玉米、小麦、稻谷等粮食以及米糠、豆渣等下脚料都可以作为泥鳅的饲料。

泥鳅的繁殖能力强，1条雌性泥鳅1年可以产卵3 000粒左右，而且在春、夏、秋三季都可以开展繁殖。泥鳅的人工繁殖技术比较简便，能够比较容易获得大量的泥鳅小苗，人工大量繁殖生产泥鳅苗种的成本也不高。

泥鳅的生长速度较快，一般春季繁殖生产的泥鳅小苗，到冬季就可以达到较大的上市规格。

根据养殖实践，泥鳅亩产量为500~1 000千克，当前泥鳅市场价为33元/千克左右，据此测算，泥鳅养殖每亩产值可达3万元，剔除苗种、饲料、流转土地租金、池塘建设和人工投入等生产成本，每亩毛利1.5万元，而且销量没有问题，市场呈供不应求态势。泥鳅养殖模式目前主要有稻田养殖、池塘围网养殖等。

三、泥鳅养殖的前景

目前人工养殖的泥鳅中，出口量占总产量的20%~40%。由于泥鳅的出口主要集中在韩国和日本，且多停留在活泥鳅出口，所以也有人担心随着泥鳅出口市场的日益饱和而出现泥鳅价格下滑的情况，从而影响到泥鳅的养殖效益。事实上，随着人民生活水平的提高，对健康饮食的需求将越来越迫切，泥鳅的营养价值是得到认可的，因而泥鳅的消费市场也将会逐步提升。如果能够借鉴一些常规鱼的品牌经营模式，与一些大型餐饮企业进行联合推广，并在深加工方面进行配套开发，相信泥鳅养殖一定可以获得可持续的经济效益。

第二篇
黄鳝、泥鳅的特性与引种

第一章 **黄鳝、泥鳅的营养与饵料**

第一节　黄鳝、泥鳅的营养物质

　　黄鳝、泥鳅必须从外界饵料中摄取各种营养物质，经过消化、吸收、同化变成其身体所需的营养物质，又经过分解转变为黄鳝、泥鳅所必需的能量维持其生命活动。现将黄鳝、泥鳅所需的主要营养物质在机体内的生理机能与作用，以及常用的饵料种类及配制、人工饲养昆虫养殖饲用的方法分述如下。

一、能量

　　能量是黄鳝、泥鳅等一切生命活动的物质基础，是新陈代谢所必需的物质，是生命过程包括运动、呼吸、循环、消化吸收、排泄废物、繁殖、体温调节等的基础。饵料中的碳水化合物、脂肪都含有能量，饵料中能量不足时蛋白质也可转化为能量。饵料中能量过高时，就会降低摄食量，同时减少蛋白质或其他营养物质的摄入而影响黄鳝的生长。因此，饵料配制应以黄鳝、泥鳅的营养需要为依据。

二、蛋白质

蛋白质是黄鳝、泥鳅极为重要的物质基础，它是构成黄鳝、泥鳅体细胞的重要成分，在机体内具有特殊的作用；同时也是黄鳝、泥鳅生长繁殖所必需的重要营养物质。在饵料中适量添加动物性蛋白质，在消化道中经消化酶分解成氨基酸后被黄鳝、泥鳅体吸收利用，促进黄鳝、泥鳅的生长和增加体重，降低饵料系数。蛋白质主要来源于动物性蛋白饵料和植物性蛋白饵料。

三、脂肪

饵料中的脂肪既是能量的来源，又是脂肪酸的来源，同时脂肪是黄鳝、泥鳅体组织细胞的组成部分，其作用主要是为黄鳝、泥鳅体提供热能和帮助脂溶性维生素的吸收，提供黄鳝、泥鳅体生长所必需的氨基酸。黄鳝、泥鳅体内的脂肪主要是从饵料中获取，因此，配制饵料中脂肪的含量是影响黄鳝、泥鳅饵料效率的重要因素之一。但饵料中的脂肪不能直接被黄鳝、泥鳅吸收利用，需要在消化道中经脂肪酶的作用分解为甘油和脂肪酸后才能被吸收。同时黄鳝、泥鳅饵料中的脂肪不可过量，否则会引起黄鳝、泥鳅肝脏中脂肪积聚过多。

四、碳水化合物

碳水化合物又称糖类，饵料中的碳水化合物是黄鳝、泥鳅身体生长和生活所需要的能量，是维持生命活动的源泉。黄鳝、泥鳅对碳水化合物的利用远不如其他鱼类，其所需要的碳水化合物主要从植物性饵料中获得。如果饵料中的碳水化合物过高，将会积累在黄鳝、泥鳅的肝脏中，导致黄鳝、泥鳅体内肝脏的损伤。

五、维生素和矿物质

黄鳝、泥鳅对维生素的需要量极微，主要是维生素参与黄鳝、泥鳅新陈代谢过程，是黄鳝、泥鳅生长、发育、繁殖、抗病不可缺少的微量营养物质。维生素约占黄鳝、泥鳅饵料总量0.05%，缺少任何一种维生素都会造成黄鳝、泥鳅生长迟缓、抗病能力减弱，甚至死亡。

矿物质又称无机盐，是构成黄鳝、泥鳅身体组织的成分之一，是维持黄鳝、泥鳅身体正常生理功能所必需的微量元素。主要包括钙、磷、镁、钠、钾、硫、氯和20多种微量元素，自己配制很困难，可选择不同类型的微量元素添加剂。矿物质元素起调节体内渗透压、保持酸碱平衡的作用，并可调节体液容量和酸碱度，是维持神经肌肉正常功能不可缺少的物质。如果黄鳝、泥鳅缺少这些矿物质会出现缺乏症，如缺乏钙、磷，会产生软骨病；缺乏铁会产生贫血病等，从而使黄鳝、泥鳅生长缓慢，饵料转化率降低。

第二节　黄鳝、泥鳅的饵料种类

一、动物性饵料

　　黄鳝、泥鳅是以动物性饵料为主的杂食性鱼类，其主要摄食大型浮游动物，如轮虫、枝角类、桡足类和原生动物等。有时也食些浮游植物。幼年黄鳝、泥鳅主要摄食水生昆虫、摇蚊幼虫、蜻蜓幼虫、蝇蛆、蚯蚓、小鱼虾等。人工养殖时投喂鲜活饵料如黄粉虫、蚯蚓、蝇蛆、河蚌肉、螺类及小杂鱼等含蛋白质高、营养成分全面、适口性好的动物性饵料转化率高。

二、植物性饵料

　　幼年黄鳝、泥鳅摄食有机碎屑、绿藻、丝状藻等浮游植物。成年黄鳝、泥鳅对植物性饲料摄食大多为迫食性的，驯食的植物性饵料主要是麦麸、玉米、米糠、豆渣等。植物性饵料来源广，维生素含量高，还能降低黄鳝、泥鳅的养殖成本。

三、配合饵料

　　规模化饲养黄鳝、泥鳅需要投喂人工配合饵料。将多种饲料按一定比例均匀混合加工成配合饵料营养全面，黄鳝、泥鳅的消化率和利用率高，同时对水体污染小，并能根据黄鳝、泥鳅不同生长阶段所需要的营养成分、食性和适口性配制，有利于黄鳝、泥鳅个体的生长发育。

四、颗粒饵料

根据黄鳝、泥鳅不同生长阶段的营养需要，把饵料加工成颗粒状投喂给黄鳝、泥鳅，能满足其各时期营养需要，消化吸收效果好，生长快，能提高黄鳝、泥鳅的抗病力和成活率。

第三节　黄鳝、泥鳅配合饵料的配制要求与方法

黄鳝、泥鳅同其他鱼类一样，需要摄取饵料中的蛋白质、脂肪、糖类、维生素和矿物质等营养物质。配制饵料时必须根据黄鳝、泥鳅不同生长阶段对饵料中各类营养物质的需要量，进行配合饵料的配制。在选用原料配制配合饵料时必须达到以下要求。

一、饵料的营养性

根据黄鳝、泥鳅不同生长阶段对主要营养成分的需求制定营养均衡的饵料配方。如不同发育阶段的黄鳝、泥鳅要求饵料中含有不同当量的蛋白质成分。如幼年黄鳝、泥鳅饵料中最适蛋白质含量为48%，其中，动物性蛋白占蛋白质总量的70%为宜，而植物性蛋白饵料不超过30%。成年黄鳝饵料中蛋白质含量为43%。幼年黄鳝饵料中脂肪为5%，而成年

黄鳝饵料中脂肪含量通常为3%。除蛋白质、脂肪比例符合黄鳝、泥鳅生长发育需要外，配合饵料中还要有一定比例含量的必需氨基酸、维生素、矿物质等营养成分（表1）。

表1　黄鳝不同生长阶段配合饵料营养需求指标

营养成分	蛋白质（％）	脂肪（％）	维生素（％）	无机盐（％）	总能量（千卡*/千克饵料）
幼鳝	48	5	0.26	3	3 400
成鳝	43	3	0.2	2	2 800

＊1 卡 = 4.18 焦，全书同。

二、饵料的适口性

为了提高黄鳝、泥鳅的嗜食程度，增加食欲和摄食集鱼率，可在饵料中添加诱食物质，如蚯蚓粉、贝肉及有适合吸引黄鳝、泥鳅摄食的香味，配合饵料中不能有腐烂变质成分和其他异味。

三、饵料的黏结性

为了避免饵料营养成分入水后散失导致黄鳝、泥鳅取食时浪费污染水质，要求配合饵料中加入一定量的黏合剂，如马铃薯淀粉或者甘薯粉等将配合饵料各成分黏合成型。

四、饵料原料来源广泛，注意饵料质量

配制饵料的原料尽量选用当地营养丰富、质优价廉、来

源广泛的原料，可以减少运输环节，降低饲养成本。

第四节　黄鳝、泥鳅天然饵料的养殖

一、水蚯蚓的养殖

水蚯蚓是一类水栖寡毛动物的统称，一般个体较小，呈红色丝状，它的营养成分丰富而且全面，同时水蚯蚓对温度的适应范围广，对环境适应性强，增殖速度快，易培养采集，人工养殖作为幼鳝和泥鳅的优良饵料。水蚯蚓有深栖水丝引、正颤蚓、苏氏尾思蚓、指鳃尾盘虫、尖形管盘虫等。

1. 养殖池的建造

水蚯蚓养殖池应选建在进排水方便的水涵，水质优良，溶解氧含量适宜、含盐量不高的低洼地或沼泽地等建池。池长 9 米、宽 1.5 米，池堤用砖石砌成，池深 15～20 厘米。池面积大小可根据养殖水蚯蚓数量确定，池底淤泥厚度为 10 厘米。进水浸泡，待泥块泡烂后，引种前 2 天在淤泥面上施腐熟的畜粪等有机物质，以猪牛粪为主，每平方米 10 千克左右。有条件的每 2 天再加 1 次发酵的麦麸、米糠等，每平方米 100 克，供水蚯蚓摄食。

2. 养殖方法

水蚯蚓在 4 月中下旬放养，每平方米水面 502.9 克左右。水蚯蚓的食物来源十分广泛。凡是无毒的有机质经酵解后均可为饵料被摄食。但水蚯蚓人工投饵可用牛粪、麦麸、米糠、玉米粉等，但也有选择性，如喜食牛粪和麦麸类。水蚯蚓适

宜生活在有一定肥度、pH值6~8.3的水中，养殖池水深以
2~5厘米为宜。低温期有光照时宜偏浅，以提高污泥的温度，
增强微生物的活动能力；高温时水宜深，以减弱光照强度。
污泥表面有流态为好。流速过大会冲掉污泥中的营养物质，
静水不利于排除蚯蚓体排泄物和有害气体，以保证水蚯蚓有
良好的生活环境。水蚯蚓饲养要特别注意防止鲤、鲫、泥鳅
等侵入食害。在养殖期间培养基表面常覆盖有青苔，对水栖
蚯蚓很不利，必须刮除。否则青苔（水绵）会影响水蚯蚓的
生长。

3. 繁殖技术

水蚯蚓可全年进行引种，在其整个生命周期中，用于生
长发育的时间占1/3，其余时间都在繁殖后代，且增殖速度
快。水蚯蚓的繁殖分为有性繁殖和无性繁殖两种方式。水蚯
蚓为雌雄同体、异体交配产卵的种类，行交配后产卵繁殖。
平均约4天产1个无色透明呈袋状的卵茧，每个卵茧中均可
平均孵化出3条幼虫。另一种是无性分裂的种类，行无性分
裂繁殖，在适宜生活条件下繁殖速度很快，日平均繁殖数量
为种量的1倍。整个生命周期都与繁殖季节有关。

4. 分离采收

由于水蚯蚓的年龄一般不太长，且繁殖速度很快，人工
养殖50天左右或每平方米蚓量达到1 500克以上时，必须及
时采收，否则会影响水蚯蚓的生长繁殖。采收水蚯蚓的时间
一般在早晨日出之前。因为此时水中缺少氧气，水蚯蚓经常
在培养基面上聚集成团块，易于采收。为了便于采收，在采
收前1天晚上截断水流，使蚓池水缺氧。采收工具可用聚乙

烯网布作为勺子，次日晨直接捞取成团块状之水蚯蚓于桶内。用网布滤去淤泥后放入盆内，铺平为10厘米厚的一层，上面再紧贴一层纱布，淹水2厘米，用盖密闭1小时左右，水蚯蚓会因缺氧通过纱布孔眼钻到表面，即可采收到纯净的水蚯蚓。

二、黄粉虫的养殖

黄粉虫俗称面包虫，属于鞘翅目、拟步行虫科。其虫为多汁的软体动物，原产美洲，20世纪50年代由北京动物园从前苏联引进饲养。黄粉虫富含营养物质，易于饲养，其幼虫早已用于饵料喂养黄鳝、泥鳅等优质鱼的食肉性动物，是高蛋白、多汁软体的鲜活饵料。据分析，其蛋白质含量幼虫为48%、蛹为55%、成虫为65%，脂肪含量达28.56%、糖类23.76%，此处还含有10余种氨基酸和多种维生素、激素、酶、几丁质及矿物质如磷、铁、钾、钠、钙等，营养价值高。据饲养测定，1千克黄粉虫的营养价值相当于25千克麦麸、20千克混合饵料和1 000千克青饵料。可做成高蛋白干粉，用作饵料添加剂，能加快动物生长发育，增强其抗病、抗逆能力，降低饵料成本，开发出高技术产品及食品，市场前景非常广阔，具有较好的经济效益。

1. 形态特征与生活习性

黄粉虫属完全变态的昆虫，一生要经过卵、幼虫、蛹、成虫4个阶段（图1）。

（1）卵　卵为乳白色、椭圆形，长径约1毫米，短径约

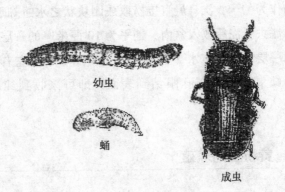

幼虫

蛹

成虫

图1 黄粉虫

0.7毫米。卵壳薄而软，极易受损伤。初产卵表面带有黏液，常数粒黏成一团，其表面黏有饵料形成饵料鞘，不易发现。卵产出约1周后即可孵化为幼虫。

(2)幼虫 幼虫刚孵出时长约0.5毫米，乳白色，难辨认，幼虫体长28～32毫米，圆筒形，光滑，4毫米后渐变为黄褐色。幼虫呈圆筒形，有13个节，各节连接处有黄褐色斑纹，在生长过程中要经过若干次休眠和蜕皮（约3个月），刚蜕皮的幼虫呈白色透明，蜕皮8次左右后变成蛹。

(3)蛹 蛹初为白色，半透明，渐变黄棕色，再变硬，长15～20毫米，头大尾小，头部基本形成虫的模样，两足向下紧贴胸部，蛹的腹侧呈齿状棱角。蛹不能爬行，只会摆动，不摄食，经10天左右变为成虫。

(4)成虫 刚羽化的成虫为白色，渐变为黄褐色、黑褐色，腹面和鞘翅背面为褐色，有光泽，呈椭圆形，长14～15毫米，宽约6毫米。虫体分头、胸、腹3部分。成虫有黑色鞘状的前翅，鞘翅背面有明显的纵行条纹，静止时鞘翅覆盖在后翅上，后翅为膜质有翅脉，纵横折叠于鞘翅之下，雄性有交接器隐于其中，交配时伸出；雌性有产卵管隐于其中，产卵时突出。黄粉虫成虫一般不能飞行，只能靠附肢爬行。黄粉虫喜干不喜湿，不喜光，适宜昏暗环境生活，成虫遇强光照，便会向黑暗处逃避。虽然昼夜均可活动，但夜间活动更为活跃。黄粉虫的适应能力强，可在 5～39℃ 正常生长发育。在 5℃ 以下时黄粉虫进入冬眠。黄粉虫适宜的生长温度为 25℃ 左右，此时摄食量明显增多。其食性杂，食五谷杂粮、糠麸、果皮、菜叶、羽毛、昆虫尸体以及各种农业废弃物。成虫有翅不能飞。成虫、幼虫均能靠爬行运动，很活跃。黄粉虫一生有卵、幼虫、蛹、成虫 4 个阶段，只有成虫期才具有生殖能力，成虫经历 2～4 个月繁殖。黄粉虫寿命长短不一，平均 51 天，最短 2 天，最长 196 天。在正常情况下，每蜕 1 次皮体重就增加。羽化后 3～4 天开始交配、产卵。产卵期平均 22～130 天，但 80% 以上的卵在 1 个月内产出。雌成虫平均产卵量 276 粒左右。其幼虫喜群集。黄粉虫的成虫有自相残杀的习性，即成虫有吃卵、咬食幼虫及蛹的现象。

2. 养殖设备

黄粉虫养殖设备简单，饲养场可根据饲养数量因地制宜、因陋就简。批量养殖黄粉虫可建饲养池饲养。饲养池面积一般以 1 平方米为宜，要求池内壁绝对光滑，防止黄粉虫外逃。池顶可用塑料薄膜覆盖或装上玻璃。饲养成虫可用木制饲养箱，一般长 60 厘米、宽 45 厘米、高 10 厘米，箱底部安装一块铁纱网，使卵能漏下去，不致被成虫吃掉。纱网下要垫上一层比箱底稍大的接卵纸，纸上写明放纸日期。在接卵纸下面再垫上木板或平整的厚纸板,以承托接卵纸,便于收集虫卵。同时还应准备孔径1.0毫米的选筛1把,供筛虫粪和小虫用。大规模养殖黄粉虫时,可将一定数量的木制饲养箱放置于黄粉虫饲养室内,设置多层木箱架将饲养木箱排放于层架上,进行立体饲养。饲养少量黄粉虫可采用木材制成规格的虫盒。一般规格为长120厘米、宽60厘米、高10厘米,木框内壁应衬贴塑料胶带。盒养黄粉虫的优点是易于搬动,便于管理,操作方便,且能充分利用空间。根据房舍和虫盒的情况用木材制造盒架,以供分层放置虫盒。农村饲养少量幼虫也可用大小不同的缸进行饲养。

此外,还需要准备温度计1支、盛放黄粉虫饵料用的塑料盒、调节养虫房内湿度的洒水壶和用于分离虫粪及幼虫的筛子。筛子四周用1厘米左右厚的木板制成,筛网要分别为20目、40目、50目铁丝网及尼龙丝箱各1只。

3. 饵料

黄粉虫为杂食性昆虫,主要以杂粮、米糠、麸皮为主食,兼吃各种菜叶、菜根、桑叶及部分树叶、农作物茎叶、野生草类植物,也食瓜果及一些昆虫蛹、死成虫、不熟肉、骨头等动物性饵料。饲养黄粉虫的饵料应根据其各生长期对营养的需要制定科学的配方,如幼虫期生长过快、活动量大,主食细麸皮或含大米粉的细米糠以及玉米粉等;蛾虫期主食玉米粉、麸皮,添加少量的鱼粉和骨粉;成虫期的饵料配方则为玉米面15%、麸皮75%、饼粉10%。饵料要磨碎研细,喂饲饵料厚度以1~3毫米为宜。根据黄粉虫的生活习性,各生长期除喂上述精细饵料外,还应增喂青菜叶、瓜果或萝卜叶等富含水分的青绿饵料。

4. 饲养管理

卵的孵化、幼虫、蛹和成虫应按不同年龄、不同生长期分开饲养，切不可混养。因为混养不便于按不同需求投喂食料，而且成虫在觅食过程中容易吃掉卵，而幼虫则容易吃掉蛹。

（1）幼虫期的饲养管理　黄粉虫的幼虫适宜生活在13～32℃和相对湿度为80%～85%的条件下，幼虫的厚度不宜超过2～3厘米，以免发热。黄粉虫的主食为麸皮、米糠，兼吃各种杂食。幼虫20日龄以后，可在平时饵料上面放些青菜叶、萝卜叶等。饲喂青绿饵料应根据气温而定。气温高时可多喂一些，每天只要喂青饵料和麸皮、米糠就可以了，喂食一般在晚上进行，没吃完的青饵料必须每天清除。幼虫1月龄后，每隔一段时间需要用筛筛出幼虫，再用小筛把米糠、麸皮中的粪便排除。饲养老龄幼虫可在饲养箱中饲养，每平方米可放虫24千克左右（即6 000～7 000条老龄幼虫），厚度不宜超过2厘米。饲养配方一般采用麦麸70%、玉米面15%、饼粉15%。为了促使幼虫增长，可在饵料中添加些鱼粉、骨粉之类的饵料，平时还要适当投放青菜叶或瓜果皮以补充水分。幼虫的喂食量要随个体的增大而增加。每年6～9月气温较高，黄粉虫生长快，脱壳多，虫体需充足水分以保证新陈代谢，此时期应多喂含水分多的青饵料，每天翻幼虫3～5次，并经常开门窗降温（门窗应安装纱网以防逃、防敌害）。冬季黄粉虫吃食少，如果把温度升高到5℃以上则其生长发育恢复正常。幼虫2月龄后可用较粗筛筛虫，每次过筛后要筛去虫皮，捡净杂物，保持饲养箱盒内清洁干净。幼虫生长速度不同，大小不均，要用分离筛将其分群饲养，密度一般为每箱 24 千克左右。

（2）蛹的饲养管理　幼虫在 15～32℃温度饲养，脱皮 8 次左右，生长到 2～3 厘米长后开始变成蛹。蛹为乳白色，一般体长 15～17 毫米，浮在饵料表面，应及时清除虫蛹，以免幼虫咬死蛹。可将每天拣出的蛹放置于通风、干燥、保温的温室饲养箱内，蛹变箱的放养量不宜过多，以箱底平放 1 层蛹为宜（约 1 千克）。蛹变箱内垫放一张旧报纸。蛹期较短，一般温度若在 20～25℃，1 周后就能羽化为成虫（蛾）。在温度 10～20℃时，经 2～3 周时间可羽化为成虫（蛾）。蛹箱不宜过湿，以免发生腐烂。

（3）成虫（蛾）的饲养管理　把垫在蛹变箱内的旧报纸轻轻拿到成虫产卵网箱内，把纸上的成虫抖落下来，再把旧报纸（新白纸最好）放在蛹变箱内，然后再放 1 只产卵网箱在报纸上面。羽化的成虫用麸皮加少量水拌湿饲喂，不宜干喂，并要保持新鲜。青饵料切成片，每日傍晚喂 1 次，投料量多少以当天吃完为宜。产卵成虫迁到网箱内饲养繁殖，每 3～5 天换 1 次接卵纸，成虫集中放于 1 个箱内，每只网箱一般放成虫 5 000 只左右，不得铺得太厚。为了保证每天产卵的数量和质量，成虫产卵期间需要丰富的食料，除喂混合饵料以外还要增加鱼骨粉以补充营养。在产卵箱内撒 1 层饵料，厚约 1 厘米，再放 1 层鲜菜叶，要求随吃随放，主要补充水分，增加维生素，但刚蜕变的成虫很娇嫩，抵抗力不强，不宜吃过多的青饵料。成虫会分散隐藏在叶片底下。

在饲养黄粉虫过程中应加强饲养管理，搞好卫生，防止病虫害，尤其要防禽鸟、壁虎、鼠、蟾蜍、蜘蛛、蚂蚁、蟑螂等动物的危害。

5. 繁殖技术

（1）种虫的选择 选择种用黄粉虫要求规格整齐。应选择体长在25厘米以上爬动活跃的老龄幼虫，间节色深，体壁光滑。

（2）交配、产卵与孵化 黄粉虫成虫羽化后经4～5天性成熟后会自行交配，交配后的雌成虫在正常情况下，1～2周后为产卵旺盛期。黄粉虫的繁殖力很强，成虫交配活动不分昼夜，1次交配需数小时，1生中多次交配，多次产卵。1只年轻健壮的雌成虫，1天可产卵20～30枚，每次产卵5～15粒。卵在25℃左右经过3～5天即可孵化。在正常情况下，3.5～6个月1只雌成虫能繁殖200～300条的幼虫。黄粉虫受精卵孵化的快慢与环境温度关系很大，人工繁殖黄粉虫在早春、秋季和冬季应注意保温，以保证卵的孵化。在一般情况下，间隔7天左右就将产卵箱移至另一个产卵箱。原孵化箱的饵料及虫卵即可孵化，直至幼虫全部孵出，把饵料吃完，后可将虫粪筛除换上新饵料。同时还要及时清除交配后死亡的雄虫，否则会腐烂变质导致其他成虫染上疾病。黄粉虫所产的卵应分期采卵、分期孵化、分群饲养并加以严格控制。但饵料群中也会出现老龄幼虫和蛹、成虫共存的现象，这就需要采取分拣方法及时分出蛹和成虫。

6. 病害防治

黄粉虫在正常饲养条件下，只要加强管理是很少患病的。

但如果饲养条件太差，管理不当也会发生软腐病和干枯病。同时还会受到螨虫危害。

（1）软腐病　此病多发生于梅雨季节，主要病因是饲养场所空气潮湿，放养密度过大以及幼虫清粪难筛而用力幅度过大造成虫体受伤。

［症状］病虫行动迟缓，食欲下降，粪便稀清，产仔少，重者虫体变黑、变软，溃烂而亡。

［防治］发现黄粉虫软腐病后应立即减喂青菜量，清理病虫粪，开门窗通风散潮，调节适宜的温度，及时取出变软、变黑的病虫，并用0.25克金霉素拌豆面或玉米面250克每箱投喂，等情况好转后再改为麸皮拌青料投饲。

（2）干枯病　发病的主要原因是气温偏高，空气干燥，饵料过干，饵料中的青饵料太少。

［症状］此病的病状为病虫头尾部干枯，重者发展到整体干枯而死。

［防治］在酷暑高温的夏季，应将饲养箱放至较凉爽通风的场所，及时补充各种维生素和青饵料，并在地上洒水降温，防止此病的发生。

（3）螨害　在7—9月份易发生螨害，饵料带螨卵是螨害发生的主要原因。黄粉虫饵料在夏季要密封贮存，食料以米糠、麸皮、土杂粮面、粗玉米面为最好，先暴晒消毒后再投喂。另外一点也不能忽视，即掺在饵料中的果皮、蔬菜、野菜不能太湿了，因夏季气温太高易导致腐败变质。此外，还要及时清除虫粪、残食，保持饲养箱内的清洁和干燥。如果发现饵料带螨，可移至太阳下晒5~10分钟（饵料平摊开），即可杀灭螨虫。同时，还可用40%的三氧杀螨醇1 000倍稀释液喷洒饲养场所，如墙角、饲养箱、喂虫器皿，或者直接喷洒在饲料上，杀螨效果可达80%～95%。

7. 黄粉虫的运输、使用和加工

（1）运输　黄粉虫是活的昆虫，购买大幼虫，用没有孔洞的布袋装虫后把袋口扎紧；在20℃以上，1只袋装虫不得超过3千克，在途中要不断调转袋的位置，以防袋子一头的虫长期受压致死；夏季要趁早晚凉爽时上路，途中过夜或长时间休息，要将虫倒入光滑的盆或桶中，以免虫将布袋咬破。运成虫的方法与运幼虫相同。运蛹可用敞口容器，且应与虫灰混合。运卵则是把接卵纸连同其上物料包好，不漏即可。

（2）使用和加工方法

①使用　当黄粉虫长到2～3厘米时，除筛选留足良种外，其余均可作为饵料使用。使用时可直接将活虫投喂家禽和特种水产等动物，也可把黄粉虫磨成粉或浆后，拌入饵料中饲喂。

②加工

虫粉　将鲜虫放入锅内炒干或将鲜虫放入开水中煮死（1～2分钟）捞出，置通风处晒干，也可放入烘干室烘干，然后用粉碎机粉碎即为成虫粉。

虫浆　把鲜虫直接放入磨浆机磨成虫浆，然后再将虫浆拌入饵料中使用，或把虫浆与饵料混合后晒干，备用。

三、蝇蛆的养殖

蝇蛆（图2）是一种廉价、适口性好、转化率高、蛋白质含量丰富的动物性饵料，其营养比豆饼高 1.3 倍，尤其是必需氨基酸含量高。据营养分析，鲜蝇蛆中蛋白质含量15.6%，干蝇蛆粉含粗蛋白 59%~63%、粗脂肪 10%~20%，与进口秘鲁鱼粉相似，其中，赖氨酸含量为 4.1%、蛋氨酸1.8%、色氨酸 0.7%、氨基酸总含量占干物质重的 52.2%。蝇蛆粉的每一种氨基酸含量都高于国产的鱼粉，必需氨基酸总量是鱼粉的 2.3 倍，赖氨酸含量是鱼粉的 2.6 倍，此外，还含有生命活动所必需的铁、锌、铜、锰等 17 种微量元素。蝇蛆不但可烘干后作为蛆粉用作饵料，蛆粉也可完全代替鱼粉，而且在饵料中掺进适量的活体饵料，替代鱼粉生产配合饵料喂黄鳝、泥鳅、对虾等特种经济动物，可使动物生长明显加快，增产显著。据分析，家蝇蛹含有超过 60% 的蛋白质和 10%~15% 的脂肪以及 16%~17% 的氨基酸，包含足够数量的人类食物中所必需的成分和某些矿物质，其所具有的脂肪酸类型很似一些鱼油中的脂肪酸类型，经济效益较高。

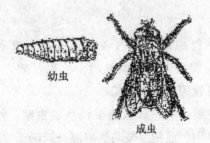

幼虫

成虫

图 2　蝇蛆

1. 育蛆房、育蛆池及种蝇房的建造

育蛆房若为新建造，应选择向阳、通风、透光、远离居民区的房屋（简易平房或棚舍亦可），面积不小于 30 平方米，1/2 的屋面采用透明材料，以利采光和低温季节升温。门窗及缝隙要用透明纱布封堵，以防止苍蝇跑出。在养蝇蛆房内 1.8 米高处设立由数条来回穿插的细绳织成的网状，以供苍蝇着落栖息。育蛆房四周设有小水沟用来防蚁和调节温度。育蛆房内挖 4 个深 1 米、宽 1.7 米、长 2 米的育蛆池，池的四周及底部用水泥粉刷。在池的四角安装鲜蛆分离诱导装置——收蛆桶（高 30 厘米、口径 22 厘米的塑料桶），桶口高出池地面 3 厘米，并用水泥抹严，桶边要紧靠池壁（相切），池壁直角用砖和水泥填充成半圆与桶壁上下成直线。

种蝇房内，种蝇房的门和窗要安装玻璃和纱窗，以利于控温。墙上安装风扇，以调节空气。房内设有加温设备（电炉），冬天温度要保持在 20 ~ 32℃，相对湿度则要保持在 60% ~80%。通道上设多层黑布帘，防止种蝇外逃。内设饲养架，分上、中、下 3 层。饲养架用铁条或木条做成。每层架上安置用尼龙纱布网制成的蝇笼，笼长 40 厘米、宽 30 厘米、高 50 厘米。一面留直径 12 ~ 15 厘米操作孔。为防止蝇飞出，连接长 30 厘米的套袖，以便于加料、加水和采卵。每个笼内配有 1 个小水盆、3 ~ 4 个料盆、1 个产卵缸、1 个羽化缸。

2. 蝇蛆的饵料

育蛆时鲜猪粪、鸡粪可直接用来做蝇蛆养料，还可在猪、鸡粪中添加一定数量的麦麸、米糠、猪血或屠宰场下脚料，以增加养料的通气性，含水量则要控制在 70% 以下，这样鲜蛆的产量会大大提高。

3. 饲养管理

制好的饵料的 pH 值调至 6.5 ~ 7，以每平方米放 50 千克计算，把饵料放入育蛆池，铺平后每平方米接种 1 个蝇笼内 1 天所产的卵，撒放均匀。同时把饵料温度控制在 25℃ 左右。经 8 ~ 12 小时蝇卵开始孵化，经过 4 ~ 5 天，变成带黄色的老熟幼虫时收集利用。鲜蛆的产量要视粪便的种类及气候因素而定，用全价配合饵料喂的猪粪和鸡粪每 100 千克可产鲜蛆30 ~ 50 千克，当然鲜蛆产量还受天气因素影响，若阴雨天或气温较低，则达不到预计产量或没有产量，规模较大者可采用恒温大棚养殖。

4. 繁殖方法

种蝇的来源是将含水 10% 的培养基（蝇蛆培养基，即猪粪）放入羽化缸，然后把待蛹化的蛆放入，化蛹后要用0.07% 的高锰酸钾水浸泡 10 分钟杀菌，成蝇后就成了无菌苍蝇，挑个大饱满的置入种蝇笼内，让其羽化成种蝇。

种蝇的饵料：成蝇的饵料初次用 5% 的奶粉和红糖等量配制，每只每天用料 1 毫克，等到产出蛆后用蝇蛆糊（将蛆用绞肉机绞碎）95 克、啤酒酵母 5 克、蛋氨酸 90 毫克加水 155毫升配成种蝇饵料。蝇蛆羽化到 5% 以后开始投食。饵料放在有纱布垫底的料盆中，让成蝇站立在纱布上吸食。水盆中倒入水并放入 1 块海绵，饵料和水可隔天加 1 次。产卵盆内放入猪粪，引诱雌蝇集中产卵，每天接卵 1 次，最后送到育蛆房育蛆。种蝇产卵以每天上午 8：00 到下午 15：00 数量最多。取卵时间定在傍晚。每批种蝇饲养 23 天即可利用，用热水或蒸汽将其杀死，然后重新换上 1 批。换批时蝇笼和养殖用具用开水烫洗或用来苏水浸泡消毒后再用。

5. 蝇蛆的收集与应用

利用蝇蛆怕光的特点进行收集。用粪扒在育蛆池饵料表层不断地扒动，蝇蛆便往下钻，把表层粪料取走。如此反复多次，最后剩下少量粪料和大量蝇蛆。用16目孔径的筛子振荡分离，每天早晚从收蛆桶中各取蛆1次，但每天都要留少量蛆放1个盆中让它们化蛹变蝇，以补充种蝇的数量。分离出的蝇蛆无病原处理后用清水洗净即可直接用来喂养家禽和部分鱼类，只需补充适量粗饵料和青饵料即可，肉用特禽育肥期需将蛆虫拌玉米面、麦麸或碎米等植物性精饵料，停喂青饵料，并加0.5%食盐少许，以提高饵料的利用率；也可在200～250℃烘烤15～20分钟，烘干加工成蛆粉贮存备用，供饵料厂代替鱼粉生产配合饵料。此外，在收集时还可用收集的蛹壳提取壳多糖质。

四、蚯蚓的养殖

蚯蚓俗称曲蟮，分类上属于环节动物门、寡毛纲、巨蚓科的动物。蚯蚓是一种分布广、食性杂、繁殖力强、富含动物蛋白、养殖成本低的养殖业饵料，可作为多种禽类、水生动物的蛋白饵料。如我国太湖红蚯蚓（由日本赤子爱胜蚓改良品种），其干体含粗蛋白56.4%、脂肪7.8%、碳水化合物14.2%。蚯蚓体含的赖氨酸、蛋氨酸、色氨酸等动物必需的氨基酸齐全，并含维生素B_1、维生素B_2、锰和铁、锌等微量元素，是黄鳝、泥鳅等动物的优质饵料，如果在饵料中适量添加蚯蚓，可促使黄鳝、泥鳅生长发育，并使食用动物的肉质变得鲜美。干燥蚯蚓体可入药，中药名"地龙"。中医认为蚯蚓性寒、味咸，具有解热、镇痉、活络、平喘、降压和利尿等功效。

蚯蚓喜食腐殖质，能净化环境，可以疏松土壤、改进团粒结构，将酸性、碱性土壤改良为近于中性的土壤，增加土壤中钙、磷等速效养分；可以促进土壤中硝化细菌等的活动，并保持土壤的湿润。同时，蚯蚓可以提高土壤肥力，增加作物产量，其排泄物中含可培肥土壤的营养元素和腐殖质，能在根系附近释放植物生长所需的营养物质，还可以改变土壤的物理结构，帮助根系吸收营养。另外，蚯蚓适应性强，易饲养，生长快，食性广，饵料利用率高，抗病力强，繁殖快，产量高，饲养成本低，是一种投资少、收益大的养殖品种。

1. 形态特征

蚯蚓的种类很多，约有 2 700 余种，中国有 160 多种。我国最常见的是巨蚓科的环毛蚓，体呈长圆柱形，常见品种体长达 20 厘米左右，由多数环节组成，自第 2 节起每节环生刚毛。头部包括口前叶和围口节 2 部分。围口节腹侧有口，上覆肉质叶（即口前叶）。蚯蚓没有眼、鼻、耳，靠蚓体表面许多感觉细胞来分辨光亮与黑暗。生殖带环状，生于第 14~16节。有雄性生殖孔 1 对，在第 18 节上，雌性生殖孔 1 个，在第 14 节上，受精囊孔 3 对（图 3）。

人工养殖用作蛋白饵料的蚯蚓品种不少，除选养环毛蚓以外，还可选养背暗异唇蚓、绿色异唇蚓、日本良种大平 2号、北星 2 号蚯蚓和我国的赤子爱胜蚓等个体大，肉质好，

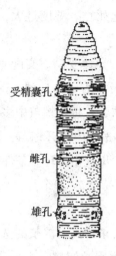

图3　环毛蚓身体前端

蛋白质含量高，食性广，适应性强，定居性好，易饲养，生长周期短，繁殖快，产量高，采用人工养殖技术，每平方米可年产蚯蚓30千克以上。

2. 生活习性

蚯蚓喜食土壤中的腐殖质，适于生活在田园、草地等温暖、湿润、疏松、有机质丰富的中性土壤中。栖息深度一般在土壤上层15～20厘米，昼伏夜出，以腐烂的落叶、枯草、蔬菜碎屑和植物茎叶等为食。蚯蚓在土壤中是纵向栖息，口朝下，肛门朝上，有规律地把粪便排积在地面。蚯蚓对光线非常敏感，喜暗怕光，喜温、湿和安静的环境，怕噪声和震动、触动。蚯蚓生长和繁殖的适宜温度为15～25℃，高于35℃或低于5℃时生长繁殖受到抑制，超过40℃和低于0℃蚯蚓会死亡。蚯蚓要求相对湿度为60%～80%，人工养殖蚯蚓培养基适宜含水量为35%～55%。干燥时间过长会使蚯蚓体内水分散失严重，引起死亡。湿度过大，也对蚯蚓生长和繁殖不利。

蚯蚓为雌雄同体，异体受精。交配时间约 2 小时，多在晚上进行。交配后 7 天左右卵即成熟，落入蚓茧中，精子也从受精囊中逸出与卵结合。每个蚓茧中多含 1～3 个胚胎，在 18～25℃，幼体在 2～3 周内离开蚓茧，再经 50 天左右的生长过程即可达到成熟，出现生育环。条件适宜时，蚯蚓每 3～5 天可产卵 1 粒，并可持续 7～8 个月。

3. 建池与放养

蚯蚓对养殖场地要求不高，养殖的选址、养殖方式多样，可根据培养规模的大小因地制宜，室外和室内均可筑建，农村可以利用边角闲地，也可以建造较大规模的大棚。一般宜选择粪料丰富、向阳通风、取水排水方便、易于管理的地方。室外养殖有棚式、水泥池和树林中养殖等方式。一般采取在室内外用砖建水泥池，池高 40 厘米，池长宽任意。为防蚯蚓逃走，池底可铺水泥或将池底泥土夯实。池底稍倾斜，以便排水。室内温度控制在 15～30℃，夏季要防水、防晒，冬季要有保温设施。蚯蚓繁殖以 15～25℃ 最为适宜。池内要求放些潮湿肥土，相对湿度控制在 40%（手捏成团，指间出水），酸碱度调节到 pH 值为 7。蚯蚓池底边长 1 米施放加入肥沃疏松土壤的牛粪 100 千克，牛粪表面铺 8 厘米厚的青草、瓜皮或水果残渣等，能掺入适量的酒糟则更好。经常洒水使培养料的相对湿度维持在 80% 左右。将蚯蚓先放置在发酵过的熟土内，然后将熟土和蚯蚓轻轻放入牛粪内，每平方米 2 000 条。种蚓每平方米可放养 1 000～2 000 条；种蚓产卵孵出的幼蚓为繁殖蚓，每平方米可放养 3 000~5 000 条；繁殖蚓产卵孵出的为生产蚓，每平方米放养 2 万~3 万条。

小规模养殖蚯蚓可利用废物箱改作养殖箱，不论何种材料制成的养殖箱，四周和底部占全部箱壁面积的 15%~40% 的部分应有通气孔，气孔直径 7~10 毫米，以防蚯蚓从通气孔钻出。养殖箱内投放饵料厚度以 20 厘米左右为宜，在饵料上方需留 5 厘米空间。箱上加盖草席或塑料薄膜以保持相对湿度和温度。为了扩展养殖规模，可将养殖箱多层堆垒进行立体养殖。养殖箱之间不能少于 5 厘米，以利通风和箱内蚯蚓的生长繁殖。

4. 饲养管理

池底先铺 5 厘米厚的菜园土，再放入 10~20 厘米厚的已发酵好的培养料，洒水，使含水量达 50%~60%（以渗水为宜）。用 1 条直径约 2 厘米的木棍在培养料插戳，留下插孔（每平方米 5~6 个），以利通风散热。土要经常疏松通气。如果蚯蚓池内的土壤肥质差，池内可放 15 厘米厚的粪草混合饵料（60% 腐热的禽兽粪加 40% 稻草或玉米秆）进行喂养，如单纯饲养则以牛粪最佳，鸡粪次之。蚯蚓的食性广，以食大量纤维素有机质为最好。在人工饲养中，应根据情况随时添加一些烂叶、瓜果等有机垃圾，无论添加何种饵料都必须充分发酵，其标准为色泽呈黑褐色，无异味，略有土香味，质地松软不黏滞。据报道，可用造纸污泥或其他产业废物作为饵料，其中掺入一定比例的稻草和牛粪，制成堆肥，或掺进活性糟泥（40%）或木屑（20%）。为了达到良好的饲养效果。饵料的酸碱度以中性为佳，过碱可用磷酸二氢铵调整，过酸可用2%石灰水或清水冲洗调整。同时要控制蚯蚓池内基料含水分在30%～50%（手捏蚓粪指缝有滴水约为含水40%）之间。夏季每天下午浇水1次，凉爽期3～5天浇1次水，低温期10～20天浇1次水。经常洒水保潮湿。

蚯蚓生活史分繁殖期、卵茧期、幼蚓期和成蚓期。应根据不同时期的需要，进行饲喂和调整密度，清理蚓粪。蚯蚓有夜间逃跑的习性，尤其是饵料不足、发酵不完全、淋水过多、相对湿度过高或过低、放养密度过大时，都会导致蚯蚓逃跑。防逃可采取夜间设灯照明或是完全保持黑暗，并改善生长条件。蚯蚓的养殖比较粗放，对环境适应性非常强，在生长过程中很少发生病害，但要注意防止鼠、蛇、青蛙等敌害动物侵入土壤摄食，吞食卵茧危害蚯蚓。鼠喜食蚯蚓卵包，危害尤其严重，堵塞鼠洞和加盖可以有效地防止鼠的危害。危害蚯蚓的害虫有蜈蚣、蚂蟥、蝼蛄、蛞蝓等，它们平时潜伏在阴暗潮湿处，夜晚出来活动，捕食蚯蚓。可在21：00～22：00时进行人工捕捉。最好在蚓床周围拦上密网，并在网外围每70厘米放置1包蚂蚁药，使药味慢慢散出。可用0.1%三氯杀螨醇喷杀，可防蚂蚁、寄生蝇、蜈蚣、蝼蛄、蛇、鼠、青蛙等对蚯蚓的食害，但也要注意杀虫剂对蚯蚓体的危害。

5. 自然繁殖

小蚯蚓养至35日龄时成熟，蚯蚓为雌雄同体，异体交尾。成熟的蚯蚓在一般条件下，除了严寒和酷暑干旱恶劣环境之外均可繁殖，以平均气温20℃时为宜。性成熟蚯蚓交配时，2条蚯蚓互相倒抱，副性腺分泌黏液，使双方腹面黏住。

交尾时，精液从各自雄生殖孔排出，输入到对方的受精囊至盲管中贮藏，交换精液后分开。交配进行 12 小时，交配 7 天便能产卵，每 7 ~ 10 天产卵 1 次，卵产于茧中，每茧含卵 3 个，经 20 天以后从卵囊中生长出小蚯蚓。为防止卵包因日晒脱水死亡，可在培养料表面再铺 1 层厚约 1 厘米的菜园土，以遮盖住卵包。夏天因阳光照射，培养料容易失水干燥变硬，影响卵包的胚胎发育，故应经常及时洒水，以保证发育所需的湿度。洒水时间应安排在清晨或傍晚，以免卵包因温度的突变而影响其胚胎发育。小蚯蚓生长 38 天便能繁殖，全生育期为 60 天左右，要勤添蚯蚓最喜食的牛粪等饵料，促进其吃食，使其生长快、产卵多，提高孵化率和成活率。刚孵出的小蚯蚓呈乳白色，2 ~ 3 天后变为桃红色，长到 1 厘米时变为红色。

6. 采收与利用

当蚯蚓饲养 90 ~ 120 天后，大部分蚓体重可达到 400 ~ 600 毫克。放养密度超过 5 000 条/立方米时，可取大量成蚯蚓供用（这样同时有利于调节养殖密度），或将成蚯蚓的个体取出饲用。若不及时采收就会出现大蚯蚓萎缩，产卵停止，卵包被蚯蚓争食的现象。收取成蚯蚓的方法很多，较常用的方法是用锄头或铲等器具翻土、竹筛过土或将粪料挖出抖松，把含蚯蚓较多的团块放在塑料薄膜上，待蚯蚓自行爬至塑料薄膜处时，将上层的粪料再放回培养池中，并将塑料薄膜上较小的蚯蚓拾回粪料中继续培养，采收的同时可将蚓粪清除。此外，也可将容器埋设在蚓粪堆上引诱蚯蚓，使其聚集于容器中，容器埋入蚓粪后，5 ~ 8 天采集 1 次，一般可以采集7~10次。捕捉的蚯蚓晒干后可饲喂特禽。若捕捉的蚯蚓要进行加工药用，应先用温水泡洗去其黏液，再拌入草木灰中呛死，然后去灰，随即用剪刀剖开，用温水洗去内含的泥土，贴在竹席或木板上摊开晒干；如遇阴雨天应及时烘干。一般6 000克鲜蚯蚓可晒干品（即成中药材地龙）1 000克。

五、田螺的养殖

田螺是软体动物，腹足纲田螺科，田螺为优良动物蛋白和矿物质饵料。据测定，田螺中含有干物质5.2%左右，蛋白质中各种氨基酸的总含量达50.2%，同时还含有丰富的B族维生素，矿物质达15.42%（其中，钙5.22%、磷0.42%），盐4.56%以及多种微量元素。田螺肉可入药，田螺味甘性寒，有清热、明目、利尿、通淋、退黄。

田螺包括田螺和圆田螺两个属，目前市场上销售最常见、养殖较多的是中华圆田螺。田螺身体外包有螺壳，壳顶尖，壳呈长圆锥形，质薄而坚，光滑或有纵走的螺肋。螺层6~7层，各螺层均外凸，体螺层膨大，螺层间缝合线深，壳面呈绿褐色或深褐色。田螺足为发达的肌肉质，适于爬行，足前方为头部，口位于吻前端的腹面，类似吸盘，用于捕食，齿舌能伸出口外磨碎食物，背面为内脏囊。田螺的鳃为主要呼吸器官，着生于外套腔的左边，水从入水管进去，经鳃从出水管出来，外套膜上也密布血管，故有一定的呼吸作用。

田螺生活于河沟、沼泽、水田及沟渠中缓流的水底，喜栖息在腐殖质较多的湿土水域环境中，尤其喜欢生活于有微流水、水深30厘米左右的水域中。田螺对水质要求清新，水中溶氧量要充足。田螺的食性杂，主要以多汁水生藻类植物及浮游微生物、青菜及有机碎屑等为食，在水温20～28℃时活动最活跃，且食欲旺盛。田螺怕暑热，当水温超过30℃时，则停止摄食，钻入泥中避暑，当水温达到40℃时，如果没有防暑设施，会被晒死。但田螺耐寒力强，冬季气温下降时，田螺能潜入用壳盖钻掘出的10～15厘米深的洞穴中越冬，直至翌年春季水温回升到15℃以上时，从越冬的孔穴中用宽大的足部爬出，进行摄食活动。

1. 养螺池饲养

田螺主要分布于东北、华北、中南、华南及西南地区。

（1）建池　较小的湖汊沟港，缓流的小溪及鱼塘、水田都可定为养殖点，在养殖田螺的水中，可种植睡莲、浮萍，插下一些木杆、竹竿，供田螺栖息。养殖田螺，可在水田里或开挖养殖池，人工挖池时，池底要有一个淤泥层。池面要养殖一些水生植物，如浮萍、藻类等，供田螺食用。同时，在池边四周适当种上些水花生，作为田螺栖息歇荫之用，并在水下放些木条、石头之类的栖息物。

（2）投放　每年的3—10月为田螺的放养繁殖期，放养密度按大小分类，分养于大小不同的养殖水池里。在自然水域中，每平方米放养20～30个种螺，在新辟的专养池中，每平方米投放130个左右。放养密度，可视养殖情况而定，如在池塘、水田等水域养殖田螺，一般以稀养（每亩600～700只）为宜，但在自开的养殖池养田螺，因池水瘦瘠，饲养密度可适当加大，每亩以投入种 10 000 ~ 12 000 只为宜。水不宜太深，以 1 米为宜，池底需备一层淤泥。

（3）投料 田螺食性杂，爱吃藻类、腐殖质、蔬菜叶、动物尸体、麸皮、米糠等。如果是在比较肥沃的大田或池塘等水域饲养，一般不需要专业投料，但在比较瘦瘠的新池养殖，则需要投喂一些诸如菜叶、瓜叶、麸皮、米糠之类的饵料。冬季在水槽内饲养越冬，水源为温泉水，水温保持在27℃，以卷心菜、莴苣等蔬菜为饵料。

2. 田螺稻田养殖

（1）放养田螺的稻田选择 养殖田螺应选择水源充足、水质清新、无污染的稻田。田螺的耗氧量高，对氧气需求量大，所以田螺生活的水体中含氧量要充足，要有微流水注入田中。还要求稻田里腐殖质含量多，田底淤泥层厚。也可在养殖黄鳝、龟鳖的水稻田中直接放入田螺繁殖，使之成为黄鳝、龟鳖等水产动物的活饵料。

（2）放养螺种 稻田放养的螺种可到市场上选购或到池塘、河边、湖边捞取。稻田放养的田螺要选择个体大、活力强、外形圆、肉多壳薄、螺纹少、色泽灰黑者作为种螺。人工饲养根据田螺的生活习性可利用稻田和池塘生态环境进行养殖，尤其田螺在稻田、茭莲藕田、荸荠等水田良好的生态环境中养殖易饲养。水田养殖密度一般每亩 6 000 ~ 7 000 只田螺。稻田养殖条件好的，密度可适当加大，每亩以放养10 000 只为宜。养殖田螺一般都与常规鱼类混养，鱼的品种可选择草鱼、鳊鱼为主。放养螺种前，稻田需要消毒，并且施足腐熟的有机肥作基肥来培育基础饵料。

（3）饲养管理

①水质调控　田螺对水质要求较高，养殖田螺的稻田水质要求清新，并有微流水。田螺对水中的溶解氧反应敏感，当低于3.5毫克/升时摄食不良；低于1.5毫克/升时开始死螺。若用泉水或井水灌溉稻田养殖田螺，由于这些水体中溶解氧极低，对田螺的生长和繁殖不利，需要经常向稻田注入新水，使田水不断流动，可以增加水体中溶氧量和天然饵料，并能调节水温。田螺对农药极为敏感，因此养殖稻田不能施放农药，一旦发现水质污染应立即注换新水，以保持水质的肥、活、爽。

②投饵　田螺食性杂，可在稻田中吃水生植物叶子及藻类腐殖质、小动物尸体等。在肥沃稻田中，养殖田螺一般不需要专门投料，但在较瘦瘠的稻田或在稻田中高密度饲养条件下，天然饵料远不能满足田螺的摄食需要，必须补充投喂一些米糠、菜屑、瓜叶、麦麸、稻草及动物尸体等。也可投喂人工配合饵料喂养。配方是：玉米和鱼粉各占20%，加米糠60%配成。因田螺用齿舌舔饵料，投喂的饵料需用水浸泡变软。配合饵料喂养效果更好。田螺投饵量可根据田螺吃食情况和水质状况灵活掌握。一般每3~4天投喂1次饵料，每次投喂量为稻田中放养田螺总重量的1%~3%。5—8月中旬为雌螺产卵期，食欲急增，若田螺的介壳口圆片盖陷入壳内，说明其饵料不足，需要及时补充饵料量；若田螺的介壳口圆片盖收缩，肉质溢出，说明田螺身体缺钙质，应及时在饵料中增加淡水鱼粉、贝壳粉等。田螺最适合在20~26℃生长；当水温低于15℃时，田螺进入冬眠前，或水温高于30℃时，摄食量减少，不需要投饵。

③稻田日常管理　在饲养管理中，稻田放养田螺后，一般要求田中水位应保持在20~30厘米，每周换水2次。坚持每天巡田观察水质，在鱼塘养殖田螺察看生长情况的同时，一旦发现水质污染应立即排水，重新注入新水，以保持水质清新。田螺可借助强大的腹足在水边及田埂边活动。稻田养殖田螺不能施放农药，也不能犁耙；同时稻田需要修建好注水口和排水口，并安装铁丝或尼龙密网设施，防止田螺随水流成群逃逸。此外，饲养中还要防止鸟、鼠的危害。

3. 水生植物水域养殖田螺

（1）养殖水域的选择　根据田螺的生活习性，田螺人工养殖应选择在小湖汊、沟、港、小溪、鱼塘和茭、藕、荸荠等水田养殖。

（2）养螺池改造　养殖田螺放养密度可视具体情况而定，在自然水域中，每平方米放养20~30个种螺，选择较小的湖汊沟港、缓流水域，也可利用小溪及鱼塘、茭、藕、荸荠水田等作为养殖点，但水不宜过深，一般水位保持20~50厘米，不超过1米为宜，以稀养为宜（每亩600~700只）。螺池规格一般宽1.5~1.6米、长10~15米，也可以地形为准。池底需要垫上一层淤泥，池四周作埂，埂高50厘米左右，池子两头设进出水口，需在进水口和出水口安装铁丝密网设施，防止田螺随水流逃逸。在养殖田螺的水中，田螺在鱼塘、水田的微流水中养殖，可种植水浮莲、水花生、浮萍，插下一些木杆、竹竿，供田螺栖息和夏天避暑之用。

（3）田螺放养　在自然水域中投放的密度一般为每平方米100~120个，同时每平方米套养夏花鲢鳙鱼种5尾左右。

田螺放养时间一般在 3 月份，可按亲螺、稚螺分别饲养于不同大小的水池中。

（4）饲养管理

①施肥投饵 田螺属于杂食性动物，摄食水中微生物和有机物或水生动植物的幼嫩茎叶等。田螺喜夜间活动，故夜间摄食旺盛。养殖池先投施些粪肥，以培养浮游生物，为田螺提供饵料。施肥量视螺池肥瘦而定。田螺入池后，投放青菜、米糠、鱼内脏或豆饼、菜饼等。青菜、鱼内脏要切碎与米糠等饵料拌匀投喂，菜饼、豆饼等要浸泡变软，以便摄食。投喂量视田螺摄食情况而定，一般以田螺总质量的 1% ~3% 计算，每2~3天喂1次，投喂时间在每天上午。投饵位置不必固定，但饵料应隔开投放，当温度低于 15℃ 或高于 30℃时，不必投饵。

②水质调节 田螺对水质要求很高，螺池要经常注入新水，以调节水质，保持水质的肥、活、爽，可以增加水体中的溶解氧含量和天然饵料，并能调节水温。田螺对水中溶解氧反应灵敏，水体含氧量低对田螺生长繁殖不利。尤其是高温季节采取流水养殖效果显著。螺池水深需要保持 30 厘米左右。再者要注意调节水体酸碱度。当 pH 值偏低时，可施生石灰调节，每隔 10 ~15 天撒 1 次。

此外，饲养中还要经常检查，防止鸟、鼠等敌害动物的入侵危害。

4. 繁殖技术

田螺为雌雄异体，在田螺群体中雌螺一般多于雄螺，体积上雌螺也往往大于雄螺。雄螺的右触角向右弯曲（为生殖器官），而雌螺的触角无这种弯曲。田螺在每年的3—4月开始繁殖，交配时，雄螺向雌螺子宫内分泌精子，每只雌成螺每次可产小田螺20~30个，4龄以上的田螺可产40~50个，经过14~16个月可以再次繁殖。1只母螺全年产出100~150只仔螺。

田螺是一种卵胎生软体动物，其生殖方式独特，田螺的胚胎发育和仔螺发育均在母体内完成。从受精卵到仔螺的产生，大约需要在母体内孕育1年时间。田螺为分批产卵，每年3—4月开始繁殖，在产出仔螺的同时，雌、雄亲螺交配受精，同时又在母体内孕育次年要生产的仔螺。亲螺、稚螺的饲养管理按大小分类采取不同的方法。

5. 田螺的捕捞方法

田螺经1年的精心饲养，当年孵出的仔螺也可达到5克以上规格，一般个体达10克以上即可捕捞上市。捕捞田螺时，力求避开每年6月上旬、8月中旬、9月下旬的田螺怀胎产仔繁殖高峰期，以利于田螺的高产增收，捕捞时有选择地摄取成螺，留养幼螺和注意选留部分母螺，以便自然补种，为翌年繁殖子螺做准备，雄螺体大而长，雌螺体大而圆。要适当多留些雌螺，以利于其繁殖。因此，应避开繁殖高峰期捕捞田螺。田螺捕捞每年分3~4批，以12月至翌年2月采收的田螺肉质最佳。捕捉田螺的方法较多，捕捉少量的田螺可用手抄网捕、徒手下田或沟捕捉、投饵诱捕，或在夏、秋高温季节，选择清晨、夜间于岸边或水体中旋转的竹枝、草把上拣拾。如需捕空，可在早晨或傍晚排水干池拾取装盆供食用、药用和饲用。或用普通竹篓、木桶等盛装，也可用编织袋包装，在运输途中要保持田螺湿润，防止暴晒。

第二章 **黄鳝养殖技术**

第一节　黄鳝的营养价值和药用价值

　　黄鳝肉质细嫩，味道鲜美。除鳝体脊椎骨外，没有其他骨刺，肉比较厚实，可食部分占身体65%以上，且营养丰富，具有很高的营养价值和多种药用功效，可以滋补身体。因此，黄鳝成为一种深受国内外消费者喜爱的美味佳肴和滋补保健食品。我国民间有"冬天一枝参，夏天一条鳝""小暑黄鳝赛人参"的谚语。日本也有三伏天丑日吃烤鳝鱼片的风俗。据测定，每百克黄鳝肉中含蛋白质18.8克、脂肪0.9~1.2克、碳水化合物0.6克，还含有钙38~40毫克、磷150毫克、铁1.6毫克、硫胺素0.02毫克、核黄素0.95毫克、尼克酸3.1毫克等。高于一般鱼类，比鸡蛋要高1/3。黄鳝肉中人体必需氨基酸含量丰富，含有抗坏血酸（维生素C）、DHA（甘二碳六烯酸）、EPA（甘碳五烯酸和卵磷脂）等营养成分，有极高的食用价值。

　　我国利用黄鳝入药治病的历史久远，最早见于《山海经》一书，书中把黄鳝称作"魭"。明《本草纲目》记载："鳝鱼性味甘温、无毒，入肝、脾、胃三经、能补虚劳、强筋骨、祛风湿、补中益血、补虚损、妇人产后恶露淋沥、血气不调、嬴瘦，止血，除腹中冷、湿痹气及肠鸣"。《罗氏会约医镜》云："鳝鱼，补中益气，除风湿。尾血疗口服喎斜，治耳聋，痘后目翳。"《名医别录》将鳝鱼列为上品。我国民间早已利用鳝鱼补益心、肝、脾、肾五脏，大补元气精血，尤其对于产后血虚、病后元气亏损、消瘦无力、内脏下垂、重症肌无力等体虚所引起的病症者有良好的补养作用。中医认为黄鳝性味甘温，入肝、脾、肾三经，有补气养血、温阳益脾、滋补肝肾、祛风通经功效，主治颜面神经麻痹、下痢脓血、痔瘘疮、顽癣、鼻衄黄肿、小儿疳积、气虚脱肛，还适用于气血两亏、产后瘦弱、体虚消瘦、肾虚腰痛、四肢无力、风湿麻痹、子宫脱垂等症。近年来从黄鳝中提取的"黄鳝色素"成分，具有一定的降血糖和恢复正常、调节血糖的生理机能作用，所以黄鳝也是糖尿病患者的食疗佳品。我国黄鳝体内含有丰富的 DNA（二十二碳六烯酸）和 EPA（二十碳五烯酸），即所谓"脑黄金"，它不仅能促进神经系统的发育，健脑，降低胆固醇，防止动脉硬化，还具有抑制心血管病和抗癌的特殊功效。

黄鳝养殖业的发展推动了其产品加工业的发展。随着人民生活水平的不断提高和膳食结构的优化，国内外已经在深加工各种保健滋补食品方面进行研究开发，黄鳝养殖业的规模化与工厂化育苗技术将有较大发展，我国养殖黄鳝具有很大的潜力和巨大的发展空间。

第二节　黄鳝外部形态与内部结构特征

一、外部形态特征

　　黄鳝体圆细长，呈鳗形，体长一般为 20 ~ 40 厘米，最大长达 60 厘米左右（图 4）。体无鳞，体表多黏液，体润腻，体前部呈圆筒形，后部渐侧扁，尾端尖而细。体表背部多呈黄褐色或青灰色小斑点，腹部有淡色小斑点，头大椭圆形，口较大，吻端尖，上颌稍突出，上下颌与颚骨有细齿，唇厚，眼小，视觉很差，有一薄皮覆盖，侧上位，眼间隔稍隆起，位于头前部，2 对鼻孔前后较远分离，前鼻孔位吻端，后鼻孔在眼前缘上方，鼻孔内有发达的嗅觉小褶，嗅觉灵敏。背鳍和腹鳍低皮褶与尾鳍连在一起，尾鳍小，仅留下不明显的低皮褶。刚孵出的稚鳝，鳍上布满血管，经常不停地扇动，其为稚鳝的呼吸器官，长大后逐渐退化。但它的口腔、咽腔及肠腔内壁表面上布满了血管，利用口咽腔内壁表皮及肠来呼吸空气。所以在浅水中常可发现黄鳝竖直了前半段自体，将吻端伸出水面进行呼吸。黄鳝离水后只要保持皮肤湿润，不易死亡，这有利于黄鳝外销的长途运输。黄鳝游动时主要靠肋骨支持肌节的作用伸屈代替尾鳍的摆动而呈波浪式游动。

二、内部结构

　　黄鳝身体由骨骼系统、肌肉系统、消化系统、呼吸系统、

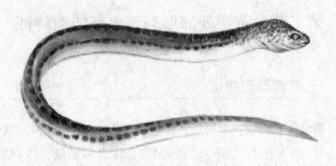

图4 黄鳝

循环系统、排泄系统、生殖系统、神经系统等系统和器官组成（图5）。

● （一）骨骼系统 ●

黄鳝的骨骼主要是背部的一条脊柱与头骨组成的中轴骨骼，附肢的骨骼仅残留很少部分。脊柱由100～180个脊椎组成，分躯干椎和尾椎（46～86枚），无肌间骨（刺）。组成脊柱骨数量因个体生长发育的情况不同而有变化，一般黄鳝个体长大，脊柱骨数量增多，主要尾椎骨数量增多。黄鳝的头骨为长方形，分为脑颅和咽颅2部分。黄鳝的附肢骨退化。黄鳝的鳃极不发达，基鳃骨只有1块，与其他种类有所差异。

● （二）消化系统 ●

黄鳝的消化系统由食道、胃和肠道组成，为直管状，无盘曲，短于体长。食道位于咽腔后面，食道后为胃，有较强的消化能力。胃后为肠道，肠中段有一缩小处，将肠分为前肠和后肠。主要的吸收功能在前肠，后肠开口处为肛门。在消化管的腹面右侧有一个长形黄褐色腺体是肝脏，末端包埋

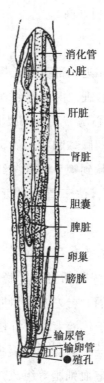

消化管
心脏
肝脏
肾脏
胆囊
脾脏
卵巢
膀胱
输尿管
输卵管
肛门
●殖孔

图 5　黄鳝的内脏

着 1 个暗绿色长椭圆形的胆囊，在肝脏后面有前后排列的两叶暗红色扁平腺体为脾脏。

（三）呼吸系统●

　　黄鳝的鳃、口、咽腔和皮肤都具有呼吸功能，但是黄鳝的鳃严重退化。在第一至第三鳃弓上有粗短的鳃丝面向鳃室。口、咽腔的内壁表皮有微血管网，黄鳝通过口腔表皮及肠直接吸入空气，因而离水较长时间不会死亡。黄鳝在夏季水温较高代谢旺盛期常将头伸出水面张口吸入空气。冬季低温冬眠时则主要依靠体表进行呼吸。

● （四）循环系统 ●

黄鳝肝脏前方、靠近头部有一长椭圆形的小囊，即围心囊，内包有狭长形的心脏，揭开围心囊，可见其背面薄壁深红色的静脉窦，通入心房，又通入腹面厚壁浅红色的心室，心室前为基部较宽的动脉球和狭长的腹大动脉。腹大动脉伸到鳃弓处分出入鳃动脉到鳃。脾脏深红色，长椭圆形，由白髓和红髓两部分组成，位于胃的附近。脾脏是主要的造血器官。

● （五）泌尿生殖系统 ●

黄鳝泌尿生殖系统包括肾脏、膀胱和性腺等组成（图6）。黄鳝的肾脏为中肾，分左右两肾叶，前端分离，是1对深红色呈长带状，位于体腔背侧、脊柱腹面的两旁，肾脏的后端较宽，并左右联合，肾组织主要由肾小体、肾小管、集合管、中肾管及大量造血细胞等组成。从其腹面通出细长的输尿管，连接位于体右侧的一根较粗大长管，并伸向前方的盲囊，即是膀胱，内壁有大量发达的绒毛。管囊状膀胱不仅可以贮存尿液，而且还可以对水分进行重吸收。管囊开口于泌尿生殖孔。

黄鳝生殖系统有"性逆转"的特性，前期为雌性，后期转化为雄性。黄鳝的生殖腺与其他鱼类不同，具有不对称性，右侧生殖腺退化。黄鳝的生殖腺仅1个，位于腹腔稍偏右侧。生殖腺早期向雌性方面转化，性成熟产过1次卵后即向雄性方面分化，再以后终身为雄性。在自然环境中，一般体长28

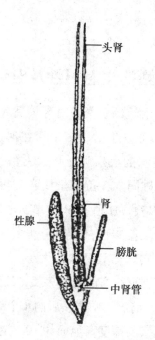

图6　黄鳝泌尿系统（腹面观）

厘米以下的个体均为雌性，28～45.9厘米的个体为雌雄间体，长度大于46厘米的个体，基本上为雄性。

● （六）神经系统和感觉器官 ●

　　黄鳝的神经系统分脑、脊髓、脑神经和脊神经。黄鳝的脑很小，背面由前向后为嗅叶、大脑、中脑视叶、小脑和延脑。延脑后的脊髓是细长扁圆柱形的神经管，一直伸到末端的尾椎。从脑出发的脑神经中较粗大、明显的是嗅神经、颜面神经和迷走神经。视神经、动眼神经、滑车神经和外旋神经因眼肌退化而极小。听神经很短，通入骨质耳囊，分布于内耳，听觉比较灵敏。脊髓发出的很多脊神经、感觉器官，分嗅觉器、视觉器、侧线及位听感受器。黄鳝嗅觉和触觉很灵敏，视觉不发达。

第三节　黄鳝的生态习性及对环境的要求

黄鳝为营底栖生活的鱼类，对环境适应能力较强，在各种淡水水域几乎都可以生活。多生活在河道、湖泊、堰塘、稻田、池沼等处浅水的底层泥土中。常潜伏在田埂、堤岸、泥洞或石缝中。雌雄同穴，黄鳝虽属穴居习性，但整个生命活动却离不开水环境，pH 值 6.5～7.5、透明度为 25～35 厘米。喜栖息于在水质偏酸性，且腐殖质多的水底淤泥中。黄鳝钻洞中，可以从穴口知其身体的大小。一般黄鳝洞穴由其头部穿顶而成，洞圆形，弯曲而又多叉，长为其体长的 2.5～3.6 倍，分为洞口、前洞、中洞、后洞 4 个部分，作为避敌的退路。黄鳝栖息巢穴的深度离地面约 10 厘米的范围内。孔道延伸到田基，每个栖息巢穴有 2 个以上出口，两洞口一般相距 0.6～1.0 米，长的可达 2 米左右。其中，有一个出口近水面处，以便呼吸和摄食。黄鳝的视觉不发达，怕光。白天躲避在洞中很少出穴活动，头部位于浅水洞口处，不时探出水面呼吸空气，并依靠鼻孔内发达的嗅觉小褶，吸收水中各种生物饵料发散出来的微弱化学分子气味，探测饵料。夜晚出来觅食，外出频繁。常于夜间守候在洞口等候时机捕获游近洞口的鱼虾及水生昆虫等食物。黄鳝是一种肉食性凶猛的杂食性鱼类，吃活食，如昆虫及其幼体、幼蛙、吃香蝌蚪、小鱼、小河蚌、小螺狮、蚯蚓等。有时也食有机碎屑、丝状藻及幼鳝苗，主要捕食水中枝角类、桡足类、轮虫类和原生动物等。稚鳝最爱吃小型甲壳类浮游生物。黄鳝的摄食多为噬吸方式，遇到较大食物时，以旋转身体方式咬断食物，直接吞食到胃肠中再进行消化。黄鳝有种类残食习性。当食物缺乏时黄鳝还会相互蚕食，出现大吃小的现象。黄鳝也会大量吞食鳝卵及稚鳝。因此，养殖黄鳝一定要大小分开饲养，进行繁殖时，应尽早将亲鳝与受精卵分开。黄鳝有耐饥渴的特性，且吃饱1餐，3~5天可不食饵料，即使较长时间一点不吃食，虽体重明显减轻，但不会死亡。

黄鳝属于变温动物，其体温会随环境温度的变化而变化。适宜黄鳝生长的温度在15~32℃之间，低于10℃时很少觅食，低于5℃时停止进食，钻入泥土下隐居越冬。当水温上升到30℃以上时，黄鳝也钻入洞中停止摄食或泥中纳凉，反应迟钝，摄食停止。长时间找不到适宜生活的水温时会出现生理功能紊乱，诱发疾病甚至死亡。黄鳝对光刺激不太敏感，春、夏、秋三季活动频繁。在其栖息地干涸时也能潜入地下0.33米以上深的泥土中越冬，可达数月之久（长江一带从11月到翌年2月的寒冷季节），待春暖气温回升才回原位和出穴活动逐逐觅食。长江中下游地区每年4月开始产卵。

黄鳝的生殖季节在5—8月份，6—7月份为盛期。黄鳝在生长发育过程中有性逆转的特性。种鳝苗一般2~3龄的性腺可达性成熟，幼体为雌性。一般全长10厘米以下均为雌性，生殖腺右侧发达，左侧退化。性腺已经完全成熟的种鳝，下腹部鼓大柔软，腹部呈浅橘红色；同时上腹部出现青灰带。成熟的雌鳝其腹部有一条紫红色横条纹，腹皮稍透明，经产卵生殖1次后立即恢复原状。黄鳝的怀卵量与体长有关，体长的怀卵多，如体长 23～25 厘米雌鳝鱼产卵量为 113～190 粒；体长 34～38 厘米产卵量为 232～385 粒。

黄鳝产卵常在穴居洞口附近或挺水植物、乱石块间。产卵时常在洞口附近或水中产卵，口中先吐出泡沫为巢，在洞口积聚成团，卵量小。卵借助泡沫浮力浮起，在水面发育。黏卵并不产于泡沫中，而是产在洞口附近的巢内。雌雄鳝都有护卵的习性。黄鳝受精卵孵化的适宜温度为 21～28℃，在 30℃左右水温中需要 5～7 天，25℃左右水温中需要 9～11 天。自然界中黄鳝的受精率和孵化率为 95%～100%。通常雌鳝产卵后即离洞而去，雄鳝守护在洞口附近护卵，直至仔鳝出膜后卵黄囊吸收完毕进行活动和觅食时才离开。

刚出膜的幼鳝全长约 1.3 厘米，此时具有鳍，鳍上布满血管，经常不停地扇动，是幼鱼期的重要辅助呼吸器官。当黄鳝长到 3 厘米以上时，胸鳍退化，逐渐消失。

黄鳝 1 年可长到 100 克以上，黄鳝的年龄一般使用方骨、耳石和脊椎骨等材料鉴定，同时用几种材料进行鉴定比较准确。大龄黄鳝需要将鉴定的材料用清水洗去污物后放到油石上或用锉刀轻轻磨成薄片，并喷以甘油，再放到解剖镜下观察，即可看到其"年轮"。低龄黄鳝耳石年轮清晰，置于解剖镜下即可鉴定年龄。黄鳝的舌较发达，在舌弓的基舌骨上有明显的生长带和年轮标志，放置于解剖镜下观察也能清晰地看到年龄，进行鳝龄鉴定。黄鳝年轮的形成时间为每年的3—7 月份。

黄鳝对水环境的要求

　　黄鳝生活在水中，对水环境有一定的要求。因此，人工养殖黄鳝效果与水环境关系密切。在水中的溶解气体主要包括氧气、二氧化碳、氨气、硫化氢和沼气等。

●（一）溶解氧●

　　溶解于水中的氧气简称溶氧。黄鳝重洋知水中，水中需要充足的溶氧。当水中溶氧每升达3毫克以上，摄食旺盛，生长快。水中的溶氧来源于大气和水生植物进行光合作用而产生。水流动时，与空气接触面大，可使空气中的氧溶解速度增加。人工养殖黄鳝池塘水体小，且流动也少，一般空气中溶入水中的氧很少。池塘中的溶氧主要来源于水生植物的光合作用。池塘中的溶氧白天含氧量高，14：00~16：00时往往达到饱和程度，夜间减少，至黎明前最低。由于水体上层浮游植物的光合作用往往溶氧比下层要多得多，且池塘受风面小，上下层往往不能很好混合而使下层水体溶氧含量很低。一般日出后下层的溶氧差逐渐增大，到下午溶氧差最大，日落后逐渐减少，清晨溶氧最小。黄鳝对池塘中的上下层溶氧差尤为敏感。当水中溶氧降到2毫克/升以下时，黄鳝摄食减少，活动异常，经常将头伸出水面吸取空气中的氧气，据测定，黄鳝的窒息点为0.17毫克/升。由于黄鳝有辅助呼吸器官，当水体短时间缺少溶氧时一般不会导致泛塘，但长时间缺氧则会影响黄鳝生长。

● **（二）硫化氢** ●

硫化氢是池塘缺氧时由含硫有机物经水体中厌氧细菌分解产生的有毒气体，较易溶于水，对黄鳝等水生生物有强烈的毒性，危害甚大。相反池中溶氧增加时，硫化氢即被氧化消失。硫化氢迅速氧化时，大量消耗池中的溶氧，1毫升硫化氢氧化需要从水中吸收1.4毫克溶氧。一般水中含有8～12毫克硫化氢时，黄鳝等鱼类就会死亡。防止水池中水质恶化产生硫化氢的主要措施是立即换水、增加氧气或施用少量石灰水，使水呈中性或微碱性，可减少硫化氢的毒性；另外，放养鳝种前清除多余的淤泥也很重要。

● **（三）氨** ●

氨是由池塘中氧气不足时含氮有机物分解或者是由于含氮化合物被反硝化细菌还原而产生。氨的毒性很强，水生动物代谢的最终产物一般是以氨的状态排出。即使浓度很低也会抑制黄鳝等水生动物的生长。据研究，在0.2～0.5毫克/升浓度下，黄鳝及鱼类会急性中毒死亡。

● **（四）水温** ●

黄鳝属冷血变温动物，适宜黄鳝生长的水温为15～30℃，20～28℃最适黄鳝生长繁殖，此时摄食活动强，生长较快。当水温超过28℃时摄食量减少，当30℃以上时，黄鳝行动反应迟钝，摄食停止，钻入泥下或洞中低温处蛰伏。水温高于32℃时出现不安状态，浮游水面，水温36℃时，黄鳝开始昏迷，长时间高温会引发黄鳝死亡。水温低于10℃以下时，黄鳝也停止摄食，钻入土下20～35厘米处越冬。因此，人工养殖黄鳝必须对水温进行调节与控制，夏季池中水温高，需要在池上架遮阴棚或加水、冲水、换水等控温、降温。当水温10℃以下时，养殖黄鳝必须采取保温、加温等措施。

● （五）酸碱度（pH值）及其他●

水环境质量好坏直接影响黄鳝的生长与生活和繁殖。养殖黄鳝对水质要求中性略偏酸的水较适宜，pH值6.5～7.2，黄鳝在pH值大于7.2、小于6.5时就会影响其生长。此外，黄鳝生活水环境的盐度过高也会影响黄鳝的生长。

● （六）有机物●

在养殖水体中有机物质主要来源于光合作用的产物、浮游植物的细胞外产物、水生生物排泄的废物、生物残骸和微生物等。它们可作为黄鳝饵料生物的食物。但水体中有机物数量过多时，则会败坏水质，影响黄鳝生长，应添换新水，改善水质。

第四节 养鳝池的建造

养鳝池宜选建在地势稍高的向阳背风处，要求水源充足、水质良好，有一定的水位落差，便于进水和排水。可利用房前屋后的零星水面、水塘、水坑等建造养鳝池。养鳝池面积大小根据养殖规模和现有条件而定。育苗池一般在12平方米以下，成鳝养殖池一般15～30平方米，有的甚至100平方米。池形因地制宜可建成长方形、方形、圆形等都可以，如建造一定规模的养鳝池，以长方形为好。池深0.7～1米为宜。

鳝池结构按构造用料可分为水泥池、土池两类。按养殖方法分为静水有土养殖池、流水无土养殖池和流水鳝蚓合养池等。不论何种结构，建池时都要考虑防逃、易捕、进排水方便这3个原则。

一、土池

选择在排灌条件好、土质较坚硬的地方建池。从地面向下挖40厘米，挖出的土在周围筑埂，埂高50～60厘米、宽60～80厘米，埂要分层筑紧夯实，以防黄鳝打洞逃跑，池底也要筑实。有条件的养殖者，最好在池底先铺一层油毡，再在池底及池周围铺设1层塑料薄膜，无土养鳝放水40～50厘米，有土养鳝在池底薄膜上堆放20～30厘米厚的淤泥层或有机质层泥土，再放水。保留10～15厘米水层，水面以上的池壁至少留30～35厘米高。有条件的可用1/2的面积种植茭白、莲藕、芋头、慈姑或水浮莲、水葫芦、水花生等水生植物和放置些树根以降低水温，改善黄鳝生活环境，作为黄鳝潜伏栖息遮阴避暑之处。在与水面相平的地方设1排水口。在排水口的对面设1进水口，进、排水口都要用铁丝网或塑料网布拦住，以防鳝鱼外逃。

二、水泥池

造池时先在平地上向下挖30～40厘米，建成土池。池壁用砖或石块砂浆砌成，用水泥勾缝。池边壁顶用砖横砌成"T"字形出檐。池底用水泥、石灰、黄沙混合夯实，或填石渣，夯实后铺 5 厘米黄砂密缝。离池底 30 厘米处开出水孔，在池同一边离池底 50 厘米处开进水孔。孔口均要安装防逃设施，外用一层细铁丝网罩挡住浮渣，内层要用细网目网罩住，挡住进出水时黄鳝逃走。池底放 30 厘米深的河泥，泥质要软硬适度。池建好后，注入新水，水深 20～30 厘米，池壁高出水面约 50 厘米，以防黄鳝逃失（图 7）。

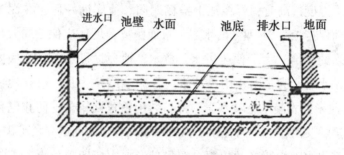

图7　养鳝水泥池剖面

三、砖池

砖池的建造方法也不复杂，池底可采用自然土层或三合一夯实，或用砖砌和混凝浇筑，到底建什么样的池底，可根据当地的土质和可供利用的材料等情况来定。池壁四周要用砖砌，砌筑高度为 1 米左右，内壁用水泥沟缝或水泥抹面，池壁土和池底土夯实，再用水泥浆抹光，这样既不渗水，又不会被黄鳝打洞而漏水或外逃。池底还要铺放 30 厘米厚的泥巴，最好用油毛毡铺垫。黄鳝较耐肥，能在肥水中生活。为了使养鳝池水有一定肥度（透明度在 25～30 厘米），应在池底填入 25～30 厘米厚的松软肥土、泥土，软硬以能成穴为度。以有机物较多的黏土或河泥青草为好，也可以用70%的肥塘泥，堆积腐熟的20%牛粪和10%的猪粪，拌匀入池，铺填50厘米厚。因为黄鳝喜欢栖息在草堆中，同时草堆中有机物可以繁殖水生昆虫和浮游生物，供黄鳝食用。土层上铺10厘米左右厚的蚕豆、黄豆、花生、油菜等秸秆，水深保持10~20厘米，池内放养一些水生植物，以遮挡住一部分阳光。夏季温度过高时，可在池上搭棚遮阳。池底铺好后，在泥土上面保持15~20厘米的水层，水面距离池埂还应保留30~40厘米的高度。为了便于进水、放水，池顶设进水管，池底要有排水管。为了防止雨季池水过深影响鳝鱼生长，可在池壁20厘米处安装1个溢水管，溢口装上铁丝网罩住，防止鳝鱼外逃，又可供暴雨时池水上涨排水用。在池中间或一角可砌1个高出水面3厘米的饵料台。另外，池中或四角放上一些树根、瓦片、断砖等物，以利于黄鳝保暖或乘凉。人工制造池中可种些水花生、水浮莲等水生植物，还可以在池边种植丝瓜，或搭上葡萄架，这样既可以避免阳光的直接照射，达到遮阴降温，又可以净化水质，为黄鳝提供栖息场所，制造适宜黄鳝穴居的生活环境条件。

四、流水无土养殖池

选择有常年流水的地方建池，采用微流水养殖。池用水泥砖砌，每个池2~3平方米，池壁高40厘米，并在池的相对位置设直径3~4厘米大小的进水孔1个、排水孔2个。进水孔与池水面等高；排水孔1个与池水底面等高，1个高出池底4～5厘米，孔口用金属网纱罩住。若干个池可拼接在一起。

第五节　黄鳝的饲养管理

▲ 一、苗种培育

●（一）清池●

在放鳝苗前 10 天左右进行苗池清理工作，疏通进排水孔，清池消毒药物可用生石灰、漂白粉等，生产上按每平方米用生石灰 0.1～0.15 千克、漂白粉用量每平方米 20～22 克消毒、杀灭病原体和敌害生物，如细菌、寄生虫、水生昆虫、野杂鱼和蚂蟥等。药物清池应选择在晴天进行，如果在阴雨天用药量大，会影响清池效果。用生石灰消毒，先将池内过多的水排出，或将石灰装入有水的木桶等器具内，待池中或器具中的生石灰形成灰浆后，趁热将生石灰浆泼洒全池，不要留有死角。放苗前 3～5 天注入新水培育苗种。

●（二）施肥培水●

鳝苗池培育肥水主要是为鳝苗进池提供适口饵料生物，如大量繁殖细菌、植物等，被轮虫、枝角类、桡足类等大型浮游动物摄食，从而使这些浮游动物得以大量繁殖和生长。

●（三）仔苗喂养●

刚孵化出的仔苗不能摄食，主要靠吸收卵黄囊的营养来维持生命。卵黄囊消失后即可自由摄食。人工养殖鳝苗，此时可将煮熟的鸭蛋黄用纱布包好，浸在水中轻轻搓揉，鳝苗可取食流出的蛋黄液。在容器内培养 2 ~ 3 天后，移入育苗池。

● （四）鳝苗放养 ●

鳝苗的放养时间以施肥后 7 天左右下池为宜。因为此时是天然浮游动物出现高峰期。放养宜在 8：00 ~ 9：00 时、16：00 ~ 18：00 时，可以避开正午强烈阳光。鳝苗放养要控制温差。放养前使装盛鳝苗的器皿水温与放苗池水温温差不要超过 ±3℃，防止鳝苗感冒。育苗池的放养密度为每平方米 300 ~ 450 尾。

● （五）饲养管理 ●

黄鳝对饵料的选择性较为严格，一经长期投喂一种饵料后就难以改变。因此，在饲养初期，必须在短期内做好驯食工作。第一次驯食，即投喂混合饵料，主要饵料中加入蚯蚓、蝇蛆、麦麸、米饭、菜屑。苗种入池第 3 天开始驯食，驯食的第 1 天投饵量为放养体重的 1% ~ 2%，第 2 ~ 3 天根据摄食情况酌情增减；如果摄食正常，以后逐天按 1% 左右递增。投喂地点固定，最好在池子遮阳的一侧，日投喂量占鳝苗总体重的 6% ~ 7%，投喂料以 2 ~ 3 小时吃完为宜。经 65 天左右后，鳝苗体长约 3 厘米，此时应按不同大小鳝苗进行分养。方法是在鳝鱼集中摄食时，用密眼捞海将身强体壮、摄食能力强的鳝鱼捞出，放入新培养池内，密度为每平方米 150 ~ 200 尾。此时，可投喂蚯蚓、蝇蛆、少量麦麸、米饭、瓜果等，日用量为鳝苗总体重的 8% ~ 10%，每日 2 ~ 3 次，鳝苗放养后1个多月。当鳝苗体长5~5.5厘米时，进行第2次分养。将规格接近的鳝苗放在同一池中，密度为每平方米100~120尾，放养时使装盛鳝苗的器具的水温与放苗池的水温差不要超过±3℃，控制温差防止感冒。饵料为蚯蚓、蝇蛆和其他动物饵料，日用量为鳝鱼总体重的8%~10%。

在苗种培育中，每天需要检查，以防鳝鱼逃逸，水多应排，水少应灌，水深保持10厘米左右，水温保持22~28℃；同时每天要及时捞除池内污物，以保持水质清新、含氧量高。春秋季每6~7天换水1次；夏季每3~4天换水1次；如果遇天气由晴转阴或由阴转晴、闷热时，发现鳝苗出穴将头伸出水面，应及时加注新水加氧。

在精心饲养条件下，鳝苗当年体长可达15~25厘米，体重5~10克，部分可达10~15克。

二、雄化育苗

黄鳝快速催肥的主要措施就是雄化育苗技术。黄鳝在雌性阶段，生长速度只是逆变成雄性阶段的30%左右。为此，在商品鳝的催肥中，采取提前雄化鳝苗措施会取得良好的效果。

（一）雄化对象

①鳝苗自腹下卵黄囊消失的夏花期雄化处理效果最好，雄化周期最短。

②单重达到20克左右时的幼苗期开始雄化效果也很好，但用药时间要长一些。

③单重达 50 克以上的青年期也可进行雄化，但需要在入秋时节进行，开春后还得补 10 天左右效果才明显。

④单重达 100 克以上时进行雄化，可加速雄化逆转，但产卵期不宜进行。

● （二）施药方法 ●

①夏花施药前 2 天不投食，第 3 天喂煮熟蛋黄时，先将蛋黄研成糊状，按每 2 只蛋黄加入含甲基睾丸素 1 毫克的酒精溶液 2.5 毫升，充分搅匀后投喂，投喂量以不过剩为准。连续投喂 6 天后，将蛋黄改用蚯蚓浆，喂药量增加为每 50 克蚯蚓用 2 毫克（先以 5 毫升酒精溶解），连续投喂 15 天后即停药。为可靠起见，在单体长至 10 克左右时，可再施药 15 天，药量无须加大。

②如果是对单体重 15 克以上的幼苗进行雄化，用药量为 500 克活蚯蚓拌药 3 克，连续投喂 1 个月即完全雄化。

● （三）注意事项 ●

①雄化对象为专育的优良品种，其单位每年增重可达 350 克。

②用药量不宜过大，可逐步增加至允许量。

③投喂时，食台面积较平时要大些，以免先后争食不均。

④雄化期间池内不宜施用消毒剂，但可施生石灰。投放量春秋为 5~10 毫克/千克，夏季为 10~20 毫克/千克。施用前可用杆在巢泥上插间洞，以利有害气体的氧化排出。

⑤经雄化的良种鳝食量大增（投食量应为体重的 10%），饵料转化率及增加重量显著提高，7 个月可达到出售的要求。

三、成鳝饲养

● （一）鳝种的选择 ●

放养的鳝种要求体质健壮、体表无伤，挑选的鳝种个体背侧呈深黄色，并带有黑褐色斑或黄颈的幼鳝，体重 10 ~ 15 克。如鳝种头大颈细、体瘦、体表黏液少或无，表现浑身无力、反应迟缓等，则是病鳝症状，选择放养时必须剔除。选购时水中黄鳝多数翘首翻腹、体色发红，瘫软无力，成活率低或者体表发白瘦弱的个体均不宜收购作为鳝种。

● （二）清池消毒 ●

消毒处理在放养前 10 ~ 15 天进行清池，以减少病害的发生。常用生石灰消毒，每平方米用量 100 ~ 150 克，或用漂白粉、硫酸铜、孔雀石绿等，消毒方法是每立方米水体加入漂白粉 10 ~ 20 克，或硫酸铜 8 克，或孔雀石绿 10 克，搅拌均匀，放入鳝种浸洗，水温 13 ~ 20℃，浸 5 ~ 10 分钟。消毒冲洗干净 10 天后方可放养鳝种。放养前 3 ~ 5 天注入新水，保持水深 10 ~ 20 厘米。

● （三）放养 ●

放养有冬放和春放 2 种，但以春放为主。长江流域以 4 月初至 4 月中下旬放养最适宜，长江以北地区以 4 月中下旬放养为宜。放养时水温要达到 15℃以上，不宜过早。放养量一般每平方米 2 ~ 3 千克，最多 5 ~ 6 千克。放养规格以每千克 25 ~ 35 尾为宜。放养时，切忌大小混养。同一养殖池中，规格应尽量整齐。鳝池中可搭配一些泥鳅，放养量一般为每平方米 8～16 尾。

●（四）投饵●

1. 饵料种类

黄鳝是肉食性鱼类，应根据其生长对营养的需要投喂饵料。它的主要饵料有蚯蚓、蝌蚪、蝇蛆、小鱼虾、蚕蛹、螺蛳、河蚌肉等。其中以蚯蚓为最好。人工饲养黄鳝投饵应以动物饵料为主。一般动物饵料占鳝体体重的 50～60%，需要配加其他饵料，按占鳝体体重 45%～48% 的比例混合调匀后投喂。配合新鲜饵料如米饭、米糠、玉米粉、麦麸、粉渣、豆腐渣及各种饼类（如豆饼、菜饼、花生饼）、瓜果和菜屑等。有条件的用颗粒饵料机把各种饵料制成颗粒饵料最好，颗粒大小以黄鳝一口能吞食为准，这不仅便于鳝苗集中摄食，而且能够减少营养成分在水中散失和散失饵料对水体的污染。颗粒饵料应随配随喂，以免时间过长而腐烂变质，黄鳝食后生病。为了便于投饵应在养鳝池中搭饵料台，让鳝苗进入饵料台内吃食。饵料台是用 4 根竹木桩把一张芦席支架起来成台，每台 1～2 平方米，每 1～2 亩搭 1 台。台位设在池的向阳处，饵料台搭在水面下 3 厘米左右，并随水温、季节适当调整，春季宜浅，夏季宜深，每隔 10 天至半个月清理一下台上的饵料残渣和粪便，并将饵料台取出水面清洗 1 次。

2. 投饵方法

投饵必须根据"四定、四看"原则进行。"四定"是指定时、定量、定质、定位。定时：水温在 20～28℃时，在 8：00～9：00 时、14：00～15：00 时各投饵 1 次；水温在

20℃以下或28℃以上，每天上午投饵1次。定量：水温20～28℃时，日投喂量为鳝体体重的6%～10%；水温在20℃以下或28℃以上时，日投喂量占鳝体体重的4%～6%。定质：饵料要新鲜，不能用腐烂、变质的饵料。定位：饵料投放地点应固定；最好在阴凉暗处投饵。"四看"是指：看季节、看天气、看水质、看鳝鱼。看季节：根据鳝鱼四季食量不同的特点，应掌握中间（6—9月）量多，两头量少。看天气：晴天多投，阴雨天少投，闷热无风或阵雨前停止投饵；雾天，气压低时待雾散后再投。看水质：肥水可以正常投饵；水色淡适量增加投饵量；水色过浓，适量减少投饵量。看鱼：鱼活跃：食欲旺，抢食，短时吃光，应增加投饵量；反之则减少投饵量。

● （五）管理 ●

在黄鳝的整个养殖期间，管理是养殖高产的重要技术关键。俗语说"三分养，七分管，十分收成才保险"。管理直接影响鳝苗的成活和生长。日常管理工作必须注意以下几方面。

1. 调节水温和水质、水量

早春当水温升高到10℃以上时，黄鳝即开始出洞，缓慢活动摄食；随气温升高，当水温上升到25～30℃时，黄鳝即钻入洞中或泥中纳凉，仅露出头部或全身卧于泥上。每当晴转雨或由雨转晴，天气闷热时，可见到黄鳝出穴，竖直身体前部，将头伸出水面，这是水中缺氧的表现。凡是遇到这种天气，都要适时适量灌注新水。黄鳝耐低氧能力量随着鳝体的大小而有差异，成鳝耐氧能力较强。幼鳝因为生长过程中代谢较旺盛，所以耐低氧能力相对比成鳝差得多。养鳝池中的水位一般保持在

20厘米左右，高温季节可适当加深。黄鳝对养殖水域的要求较高，水质要求肥、活、爽，含氧量要充足。黄鳝除主要用鳃呼吸外，还能用咽腔表皮进行呼吸。当水中溶氧不足时，常将头伸出水面透气，呼吸空气中的氧，俗称"黄鳝打桩"。水质的好坏可影响到黄鳝的摄食与生长。因此，应经常换新水，保持池水清新。一般每隔2~3天需换水1次，注水切忌太满，以免造成黄鳝外逃或影响其夜晚半露水面。鉴别水质的方法是：如黄鳝不愿露出水面，便是水质败坏的标志，应注入新水。在灌注新水时，要注意清除杂物，同时注意适时保持水层深度。深度一般以10~15厘米为宜。高温季节适当加深水位，但不可超过20厘米。要经常灌注新水，春秋季节1次/天，夏季1次/3天。换水次数因水源、黄鳝多少、水质情况而定。入冬之后，要排尽池水，仅需保持土湿润，并在池土上覆盖20~25厘米厚的稻草或其他杂物，以免池水冻冰。因池无水，要防猫、狗、鼠入池，吞食鳝鱼。养殖黄鳝的水源不能用含碱性重的泉水，如果用水温过低的井水或泉水，必须经过一定流程，待温度升高后才能放入，否则用大量低温水入池会引起池中水温骤降，致使黄鳝受凉"感冒"而造成死亡。冬季可利用工厂冷却水、温泉水、室内人工加温或室外养鳝池上加盖塑料，有条件搭成塑料棚，棚内可生火加温和用电灯夜晚照明，以利于夜间投放饵料。

2. 捕放原则

从春天放养，到秋末冬初，一般个体可长到150克左右，此时即可放干池水，待底泥变硬后，可用铁耙翻捕（平时可用钩卡装诱饵捕钓），捕捉时应按照捕大留小的原则，大的出池上市，小的留作鳝种。

3. 夏秋管理

高温季节为了避免因池水温度过高而导致黄鳝死亡，应保持适当水深。一般以 20～40 厘米水深为宜，还应经常注意换水，保持水质清新。夏秋季高温，每天或隔日换水 1 次。并要用瓜豆架遮阳，也可栽种一些水生植物，以改善池内环境。雷雨时，黄鳝性好窜跃逃逸，如池水上涨，外逃量很大，甚至全池逃光。所以除了池顶和进出水口要设栏网外，一定要及时排水，控制好水位，保持水面与池顶的距离。因黄鳝习居穴中，头不时伸出洞外窥测或呼吸，水层过深将迫其游出洞外不利生长。

4. 黄鳝冬季管理

黄鳝冬天入泥冬眠，先将池水放干，保持池土湿润为好，上面盖以麦秸、稻草等物，以免池泥结冰太厚而将黄鳝冻死。

5. 高密度饲养方式

黄鳝在高密度养殖时，常分泌许多黏液，黏液积聚多了，水中微生物分解加速，会大量消耗水中溶氧，并开始发酵，释放出热量，使水温上升到40～50℃，群众称之为"鱼池发烧"，会引起黄鳝烦燥不安，相互纠缠在一起，造成大量死亡。防止方法：主要是经常加注新水，改善水质。对已"发烧"的除立即彻底换水外，在每平方米池中加入 50 毫升浓度为7%的硫酸铜溶液，可以抑制黄鳝黏液发酵，对抢救"发烧"鳝池有一定效果。

6. 坚持定时巡塘

水是鳝苗的生存外界环境，这就需要每天早中晚坚持适时巡塘，以掌握池塘的具体情况，及时采取措施加以改进。尤其是在夏秋季节，气温较高，定时巡塘，注意观察黄鳝的动静，发现水中是否缺氧。每天黎明时是1天中温度最低、水中含氧量最少的时候，检查池内鳝苗有无浮头（俗称"泛塘"）、病鳝和死鱼等现象；14：00～15：00时是1天中水温最高的时间，检查池内鳝苗的活动和吃食情况，有无残剩饵料，有无浮头的预兆，以保证鳝苗入夜的安全。夏季气温高，尤其是天气闷热，检查要在半夜前后巡塘，以便制止因池水缺氧引起半夜出现浮头的现象。在每次巡塘时，检查人员都要填写巡塘（池）情况记录表，巡塘时如发现黎明时鳝苗浮头开始，如果受到惊动，便立即散入水中，或浮头后鳝苗成群在水面浮动，但不到岸边，水受击动便很快潜入水中，都可以判断为轻度浮头；若发现夜间鳝苗浮头或池水内的鳝苗散乱，不畏惊动，可以判断为严重浮头。一般就像泥鳅苗、底层鱼类的浮头为严重浮头。但在晴天16：00～17：00时，池中鳝苗成群在水面下游动，有时见到"呃水"现象，但一受到惊动，也立即散入水中，这不是浮头。鱼体无病，但发现吃食量突然减少，也说明水中缺氧，可能引起池水鳝苗浮头。如果巡塘发现这些现象，应及时灌注新水。雨天注意排水畅通，防止洪水漫池、黄鳝外逃。巡塘人员要慢步声息，绕池仔细静听，晚间可静听池鳝动静。

7. 防治病害

黄鳝的抗病力强，一般不会生病，如果饲养管理不善，生活环境发生了不利于黄鳝生长发育的变化时，黄鳝会出现生病或死亡。鳝苗生病常离群漫游，或伏于浅水中不动，有时由于寄生虫侵害，鳝苗表现急剧游动，挣扎不安，或黄鳝体色变成灰白色或斑点，或鳝体被敌害咬伤；也有因黄鳝养在池内密度过大，大小鳝体差距较大，相互咬伤，伤口易被霉菌感染，体表出现棉毛状菌丝，食欲不振，最后衰弱而死。应及时采取防治措施，一般采用0.04%的小苏打和食盐合剂全池泼洒，也可用3%~5%的食盐水浸泡鳝体5~8分钟，即可防止伤口感染。此外，池内不得放养鹅、鸭，平时要注意防止野兽、水老鼠等入池。在鼠、兽等出没较多的地方，应设笼、卡捕杀或驱赶。鳝池的进出水口要加设栅栏，防止敌害侵入。

● （六）防暑和越冬 ●

水温调控 黄鳝适宜生长的水温是25~28℃。在炎热的高温季节水温有时高达35~40℃，需要做好防暑工作，使水温不至过高。此外，在鳝池中放较大的石块、瓦片等做成鳝洞，供黄鳝栖息避暑。当水温超过30℃时，要勤换新鲜的清凉水。如用井水、泉水冲凉时，进水速度不能过快，以免温差过大，黄鳝一时难以适应而得病死亡。

黄鳝在入冬前需要大量摄食，贮积养分，以供冬眠所需。当气温下降到15℃左右时应投喂优质饵料，使之达到膘肥体壮，以利于黄鳝安全越冬。当气温下降到10℃以下时，可将池水排干，为保持池泥湿润和温暖，可在上面覆盖少量稻草，以免结冰而使黄鳝冻伤致死。

四、黄鳝的网箱养殖

黄鳝的网箱养殖是利用池塘、河沟等水体架设网箱的一种养殖模式，具有放养密度大、单产高，网箱内外水体充分交换，溶解氧不断补充，残饵、鳝粪及时随水流带走，水质清新、病害相对减少，箱内鳝种活动范围小，操作方便，易于管理，规模可自动控制，技术难度不太大，占用水体面积较小，利用网箱养殖黄鳝较土池养殖黄鳝生长快，且成本相对较低而效益较高等特点。网箱养鳝技术要点如下。

●（一）场地与设施●

1. 场地的选择

黄鳝网箱养殖的水面不宜过大，一般面积以 0.1～0.4 公顷（1 公顷 = 10 000 平方米，全书同）为宜。水源充足，水质良好无污染源，水中有充足的溶解氧，进水、排水方便，避风向阳，水体酸碱度（pH 值）为 7.2～8.5 的池塘、河流、水库等水域，水深 1.5 米以内的地方均可用网箱养鳝。

2. 网箱的构造与制作

养殖黄鳝的网箱通常由网衣、框架、撑桩架、沉子及固着器（锚、水下桩）等构成。养鳝网衣一般选用优质聚乙烯（乙纶，也称筛绢布）4×3 的网线编织，也可使用无结网片缝成长方形的箱体。网箱规格不宜过大，一般控制在 6～10 平方米，过大，投放数量多，不便驯食，且易产生应激反应，操作也不方便。常见有 5 米×2 米×1.2 米、4 米×2 米×1.2 米、3 米×2 米×1.2 米 3 种规格的网箱。网目的规格为网孔直径 0.8~1.18 毫米（30 目左右）网箱上、下纲绳直径 0.6 厘米，即通常渔业上暂养夏花鱼种网箱的规格。但在网箱的箱口要加设倒檐，防止黄鳝外逃。

3. 网箱的架设

采用竹木或钢材制成的框架式网箱可以固定。网箱架设分为单箱架设和多箱排列的群箱架设。单箱架设即将每只网箱拉平、拉紧即可。群箱架设需将多只网箱排成列，网箱与网箱的间距为 1 米左右，行距 2 米左右。网箱上部高出水面 50 厘米，网箱入水深度为 50~70 厘米。箱底部距池底不少于 30~50 厘米，以便于水体交换。放置网箱时，要将箱最宽的一面正对水流和风经常吹来的方向。规模网箱养殖黄鳝应在两排网箱中间用毛竹架设栈桥（也可不架设栈桥而用渔船），便于投食、管理和观察网箱内养殖黄鳝的摄食、生长与病害等情况。

也有采用无框架网箱，只需要将网箱体四个角固定在木桩或竹桩上，支撑架往四个角方向拉紧。在网箱底部需要用卵石装在长形网袋成为"石笼"，用以固定箱底，使网箱悬浮于水中。箱体有 30% 以上高度在水面以上。

网箱养殖黄鳝，属高密度养殖。但网箱的密度不宜过大。一般不得超过总体水面积的 50%，间距为 1 米左右，行路 2 米左右，便于水体交流。群箱架设时网箱呈纵向排列或者错开呈梅花点插花排列。箱底入水深度为 80~100 厘米，出水部分高度不低于 50 厘米，网箱底部不能黏触到底泥。

● **（二）放养前的准备** ●

1. 池塘消毒

长期养鳝的池塘，由于底部淤泥和腐殖质较多，容易滋生各种病原体，导致黄鳝发病。因此，需要在投放鳝种前，彻底清塘消毒。冬春季进行清塘，排干水，去除淤泥，暴晒，并用生石灰及其他消毒药物进行消毒，减少危害。

2. 浸泡网箱

新制作的网箱在投放鳝种饲养前 2 周需要先用 15～20 毫克/升高锰酸钾溶液浸泡 15～20 分钟消毒，再放入池塘中浸泡半个月左右时间消除聚乙烯网片分解的毒素，使其表面附着各种水生藻类，让网箱质地变得柔软，避免黄鳝受伤。

3. 移植水草

黄鳝的鳃退化，平时主要由口腔、咽喉壁和皮肤等辅助呼吸空气，以补充鳃呼吸的不足，同时黄鳝在自然条件下喜在水草多且避光阴暗的地方栖息摄食。人工养鳝大量投喂动物性饵料或高蛋白配合饵料，使养鳝池水质极易败坏。所以，每年 4—5 月在网箱养鳝投种之前 10～15 天，将适宜在种植深浅水体养殖黄鳝使用的水草，如水花生等移植鳝池和网箱，可在消毒 1 周进水后，适当泼洒无机肥，使水草生长繁殖较快，吸收水中的有害物质，净化水质，保持水体透明度 25～30 厘米，利于黄鳝生长繁殖，避免危害黄鳝。同时黄鳝借助水草的支撑可以攀草停留于水的表层藏身，将鼻孔露出水面直接呼吸空气。越冬期虽然水草水面以上部分枯萎，但还有一定密度覆盖泥面或水面，可保持和缓冲气温的变化，而水下部分仍然繁密，利于黄鳝栖息越冬。

● **（三）鳝种投放** ●

1. 放种时间

鳝种放养时间 4—8 月均可进行鳝种投放。如果网箱数量少，鳝种是鳝笼捕获的苗种，可选在 4 月上旬的连续晴好天气投放鳝种；如果放养鳝种量大，投苗时间最好选在 6 月中旬的连续晴好天气进行。因为此时的水温相对比较稳定，苗种入箱后成活率高，7—8 月投放的鳝苗入池最适宜，因为此时天气和气温都较适宜，而且水分充足，非常利于黄鳝生长。但放养时间如果拉的很长，会影响黄鳝的生长期。

2. 放养规格与放养密度

同一网箱放养的鳝种要求其规格大小基本一致。网箱养鳝放养规格一般每千克为 20～40 尾，每尾 25～50 克，5 月前放养小鳝种，7—8 月放养规格适当加大的鳝种。如果个体差异太大会出现大个体残食小个体的现象，同时小个体争食也不如大个体黄鳝，以致生长方面造成两极分化。放养鳝种的密度可根据鳝种数量和规格大小，以及水体质量、饵料供应量、养殖水平等方面确定。通常放养量为每平方米 2 千克左右，也有每平方米放养 5～6 千克的。若规格大小为每千克 20～40 尾时，可投放鳝苗 40～80 尾或 100 尾左右。养殖条件好的在养鳝规格为每尾 50 克时每平方米水面投放 160 尾左右。

● （四）饲养管理 ●

1. 网箱驯食

人工捕捉或选购的野生鳝苗进行人工养殖进入网箱后，首先要使其适应摄食人工饵料，必须进行驯食。一般要停食 3～5 天才开始驯食。驯食饵料一般不采用单一的动物饵料，而要选喂饵料来源充足、价格便宜的鲜杂鱼、黄粉虫、蚯蚓和虾类等动物性饵料，加工成肉糜后与颗粒配合料一起，将两者按照 9 : 1 的比例混合, 充分搅拌均匀后, 使其呈面团状后, 再加入少量蚯蚓肉糜, 放置食台上, 以便黄鳝自由摄食。驯食需要 7 ~ 10 天时间效果才会好。

　　鳝苗进入网箱后 3 ~ 5 天就可以驯食, 驯食不能满箱投放饵料, 防止饵料下沉和浪费。驯食食台利用网箱内密集的水草可托起投喂的饵料和摄食黄鳝设置在网箱内中央区水草密集处即可。其数量按网箱大小确定, 每 4 ~ 6 平方米网箱面积设置 1 处, 呈均匀分布。有些附着在水草上的饵料不能及时被黄鳝发现摄食, 特别是夏季水温高, 有些动物性饵料 1 ~ 2 天后会腐烂发臭, 影响水质, 会引起各种鳝病, 要及时剔除。网箱中的水草过于繁茂后, 饵料很难直接投到水面上时, 需要用一长柄镰刀在取点设置食台的地方, 与水面平齐刈割掉水草并捞起来, 每处刈割的面积大小约茶盘大小, 即可取点投食。但长期在某一点投饵, 有些吃残的残食会变质发臭, 每隔 7 ~ 10 天需要更换 1 次箱内饵点的位置。投饵点不要轻易改变, 让鳝苗固定点取食。投饵要求新鲜优质, 切不可投喂腐败变质的饵料。坚持定时、定量、定质、定位的 "四定"原则。投饵时间以每天 18 : 00 时以后投喂 1 次为宜。投喂饵料如果是颗粒干料, 日投喂量为鳝苗体重的 1% ~ 3%; 鲜饵料的投喂量为鳝苗体重的 5% ~ 10%; 配合饵料的日投喂量为鳝苗体重的 2% ~ 3%; 随着鳝苗的生长, 摄食量增加, 日投喂量增加至鳝苗体重的 5% ~ 7%。如果水温在 20℃ 以下或28℃ 以上, 投饵量要减少, 投饵量的多少应以第 1 次投饵时基本无剩余为标准。网箱养鳝保饵差要求晴天水质好时多投, 水质差和暴雨前、阴雨天少投, 闷热无风天气停止投饵。另外，还要观察鳝苗摄食速度和摄食量，鳝苗的食欲是否旺盛，摄食旺盛抢食快，短时间内能吃光饵料的应当增加投饵量，反之应减少投饵量。黄鳝摄食适宜水温为 21～28℃，此时鳝苗生长速度最快，水温低于 15℃ 或高于 30℃ 摄食明显减少。每天投饵量都必须灵活掌握，清除食场的残余饵料，并定期对食场每平方米用生石灰 200 克进行消毒。

2. 水质调节

黄鳝对水质要求严格。鳝苗下网箱后由于栖息环境突变，密度加大，黄鳝应激反应加剧，皮肤黏液分泌减慢，导致鳝体抵抗力下降，外界的致病微生物极易侵袭鳝体而发病。因此，要保持池塘水体"鲜、活、嫩、爽"，维护池塘的生态平衡，为黄鳝的生长发育和繁殖创造一个良好的生活环境。因投喂动物饵料，鳝池水质极易败坏，继而产生有害物质危害鳝体，可在鳝池与网箱种植具有较强的吸污净化水体功能的水草。

水质管理主要是防止池水变质，需要及时换水补充含氧量高的新水，要定期（一般为 1 个月）用生石灰在网箱内外泼洒，用量为每立方米水体 20～30 克。网箱内使用治鳝病药物需要在施药前用池水将网箱内外水草浇湿，然后采用箱内外结合方法将药物泼洒在水草上，再将池水泼洒水草，使药物进入网箱内。

3. 对水草的管理

水草生活力强，枝多叶茂，在敞口的网箱中要防止水草枝叶长出箱外，导致黄鳝外逃。因此，要剪短枝多叶茂的长高的水草。此外，对箱内枯死或者腐烂的水草也要及时捞出，必要时添植新的水草。

4. 日常管理

网箱养鳝需要每天早、中、晚巡池检查，随时观察鳝苗的摄食和活动情况。如发现异常，应及时处理，并及时清除剩余残饵和丛生的杂草，疏通进水渠道，让水流畅通，并得到充足的阳光照射，以提高水温。黄鳝的逃逸能力很强，鳝苗在网箱内养殖应每天早、中、晚巡查网箱中鳝种的活动和摄食情况。发现黄鳝浮头、不摄食则流量增大，但流速宜小，一般每小时交换量100%～400%为好。如交换水量过大，会增加流速，投饵困难。同时需要检查网衣有无脱结松线现象，网箱是否破损，发现后要及时修补。还要消除箱体附着物，不使网目闭塞，如发现网眼被水藻类堵塞致使箱内外水体不能及时交换时，需要及时洗刷网衣。一般每半个月洗刷1次，以后每周洗刷1次。网箱随水位涨落，需要勤移位置，干旱季节水位降低，应保持水位，勿使网箱搁浅，大风及暴雨时应搞好防汛工作，检查网箱四角绳索是否松弛，以致网箱下沉。黄鳝不适应深水环境生活，当暴风雨后养鳝水位增高，应及时适当向箱外放水。还应注意箱内水草是否吹成一团。同时，使黄鳝生活在稳定而不是经常变化的水域中。

● **(五) 分级饲养与捕捞** ●

投放饲养即使大小规格相同的鳝种，在生长一段时间后也会出现个体差异，需要按个体大小分开饲养，避免大鳝种摄食凶猛，小鳝种摄食量不足，造成鳝种个体差异越来越大。防止鳝种饥饿时大鳝吃小鳝的现象发生。

五、微流水无土养鳝

无土流水养鳝是利用水泥池底不铺土、有人工洞穴进行微流水的高效养鳝模式，它与传统的有土养殖与传统的有土静水养鳝形式比较，具有养殖密度大、管理方便、黄鳝生长快、鳝池多，工厂化批量生产、产量高和起捕方便、效益好等特点。

● （一）鳝池建造与设施 ●

选择在无污染水质的河流、水库、沟渠或溪流等水域常年流水的地方建池。养鳝池有室内池和室外池两种。池最好建在室内，每个池面积 2~4 平方米，用水泥砖砌成，池壁池底水泥抹面。池深 0.5 米，四周池壁高 40 厘米，池埂有 5 厘米宽的倒檐。在池的相对位置设 1 个与池口平齐的进水孔和 2 个排水孔，1 个与池底平齐，另 1 个高出池底 4~5 厘米，孔径 3~4 厘米，孔口都要安装金属网罩，防止逃鳝。另建蓄水池每天保持进排流水 10 小时左右。

● （二）鳝种放养 ●

养鳝池建好后，放养前将排水口堵塞好，灌满水浸泡 7~10 天后将水放干。再将池底下的 1 个排水口塞住，另一个排水孔口打开，保持每个小池有一定的微流水，水深 5 厘米左右。鳝种放养时间一般在 4 月中下旬。鳝种放养前用 3%~4% 的食盐水浸洗 3~5 分钟或用 10 毫克/升孔雀石绿溶液浸洗 20~30 分钟，进行消毒，防止水霉病和清除鳝体表面的寄生虫。浸洗时间长短要根据温度和鳝种耐受力灵活掌握。鳝种消毒后及时进行放养。由于微流水使池中溶解氧含量充足，水质较好，可以提高放养鳝种密度，要求放养鳝种体质健壮、无病无伤、体表光滑，并富有黏液，规格整齐，活动力强。鳝种放养密度为每平方米放养 3 千克左右，规格小可多放，规格大要少放。4 月下旬可放养规格相对小的鳝种；7 月下旬以后放养规格大一些的鳝种。但同一池放养的鳝种应规格大小基本一致，避免发生大食小现象。

● (三) 饵料与投喂 ●

鳝种原本处于野生状态，活动范围大，密度低，自由觅食。初放养时不愿吃人工饵料，需要在水温达 15℃以上进行驯食。驯食方法是鳝种放养后 2～3 天不投喂饵料，使鳝种处于饥饿状态，用黄鳝喜爱吃的蚯蚓、蚌肉、螺蛳肉等饵料切碎后分成几小堆放在进水口一边，然后可在晚上进行引食，并适当加大流水量。第 1 次投喂量为鳝种总重量的 1%～2%，第 2 天早晨检查，如果饵料被完全吃光，则第 2 天投喂量增加到体重的 3%～5%。如果当天饵料吃不完，应将残余饵料捞出，第 2 天不要增加投喂量，仍按前 1 天的投喂量投喂。随着鳝种个体长大，逐渐增加投喂量，直至 8%～10%，等到鳝种吃食正常后，可在引食饵料中掺入蚕蛹、蝇蛆、煮熟的动物内脏和血、鱼粉等动物性饵料和一些菜饼、麦麸、米糠、瓜皮等植物性饵料。第 1 次可加喂 1/5，同时减少 1/5 的引食饵料。待驯食正常吃食后，每天增喂 1/5 量，5 天后即可完全不喂引食饵料。在水温 25～28℃时，每天投喂饵料 2 次，分别在 8∶00～9∶00 时和 16∶00～17∶00 时进行。当水温在 28℃以上或低于 20℃时，每天投喂 1 次，投喂时间宜在

15：00—16：00 时进行。

● （四）管理 ●

采用无土微流水养殖黄鳝，应保持池水水流畅通不断，保持水质清新，但水流不宜过大。每隔 10 天左右打开池底的排水孔加大水流，以便水流将鳝种的粪便和池中污物冲出池外。在鳝种饲养过程中应加强管理，经常巡查鳝种的吃食和活动情况，发现有异常表现，及时捞出处理，进行分池单养和治疗。检查进排水口的防逃网有无破损，发现有破洞需要及时修补。平时还应防止鼠、蛇、猫、狗等动物入池危害。鳝种饲养一段时间后，同一池中的鳝种如果生长相差悬殊，出现大小不匀时，需要及时将大小鳝种分开饲养，以防止发生大吃小现象。

六、屋顶养鳝

屋顶历来只用于遮阳和挡风雨，夏天可以降温，冬天可能御寒，但也可以利用平屋顶来养殖黄鳝，不仅不占水面，还可发展家庭副业生产，增加收入。因屋顶位置高，光照时间长，风力大能使水面波动，可使养鳝池的水体含氧量高。此外，屋顶养鳝池所贮蓄的水，还能起到防暑降温的作用。现将屋顶养鳝方法介绍如下。

● （一）建造养鳝池 ●

在平屋顶上用水泥、砖头砌成约 1 米深的养鳝池，当水泥初凝后，先灌水保养 3 ~ 5 天，放水后在池底铺上一层肥土，肥土上覆一排简瓦，便成为黄鳝栖息的鳝窝。蓄上水以后，再放进一层麦秆等秸秆，为了避免池水较浅，夏季日晒水温过高，在鳝池南北面种植一些藤本植物如南瓜、藤豆类攀在铁丝网架上遮阳。池旁要安装自来水和水位自动控制阀。

● （二）鳝种苗放养●

鳝种苗放养尾数同水泥池放养密度，可参前面所述。

● （三）饲养方法●

屋顶喂养鳝种苗，除掉池水里生出许多孑孓可供鳝种苗的天然饵料以外，每天16：00—17：00时，定点投喂人工配合饵料和其他辅助饵料。随着鳝种苗生长，体重逐渐增加，每日需要投喂2次，一般日投量按鳝体重的10%左右。每次投喂新饵料前，要清除鳝苗吃剩的残饵碎屑，然后再换注新水，以防池水水质变坏。

● （四）管理●

屋顶上养鳝池虽然蒸发量大，但应考虑屋顶的承受力，以及因屋顶位置高，水源供应较困难。因此，在屋顶设置养鳝池蓄水不宜太深，一般保持在20～30厘米，以减轻屋顶的负载量，同时水浅散热快。同时要安装自来水和水位自动控制阀。农家可用水泵，并建有蓄水池备用水。一般1～2周时间换注新水1次，每次换注2～3厘米深新水，在炎热天气2～3天就要换注1次新水。换注新水应根据水质、水位和观察黄鳝生长活动情况而定。灌水时，进水口用草包垫上，让水冲到草包上，水在草包上流开。因为初凝后的水泥不够坚固，容易被水冲坏。屋顶灌水后如发现有漏水现象，经过1周时间用水泥砂浆加水调合及时修补。鳝种苗放养6个月，即可捕捞上市出售。

七、稻田养鳝

据资料报道，江苏金湖县银集镇团结村农民用生态养鳝法养殖黄鳝，1994 年，72 平方米的生态养鳝池产黄鳝 800 千克，平均每平方米产黄鳝 11.1 千克。做法是在深 1 米的土池中，铺设 1 层无结节经编网，网口高出池口 30～40 厘米，并向内倾斜，用木桩固定，以防黄鳝逃逸。池底网上铺上泥土约 40 厘米，并栽种慈姑，保持水深 20～30 厘米，鳝种放入其中。这种生态养鳝法，不需要经常换水而水质始终保持良好，池水中的物质可随时与土壤交换，池中生长的慈姑既可吸收水中营养物质防止水质过肥，茎叶在炎热的夏季还可为黄鳝遮阳，从而为黄鳝生长创造良好的环境，提高了单位面积产量，且捕捞容易。本书重点介绍经常采用的稻田养鳝法。

稻田中有丰富的黄鳝天然饵料，利用稻田养殖黄鳝，既可捕食水稻害虫，水稻则是很好的遮阳物，充足的水源及田水深度也符合黄鳝生长的要求，而黄鳝在田中钻洞松土，又利于水稻生长，可增产增收，稻田坑沟生态养鳝，稻、鳝互利，种养结合，黄鳝生长快，而且能促进稻谷增产，可以达到稻鳝双增的目的。

● （一）稻田选择与设施 ●

为了保证黄鳝在稻田里正常生长，要求养殖黄鳝的稻田要求地势平坦、避风向阳，冬暖夏凉，水源充足，排灌方便，水质无污染，保水保肥力强。根据黄鳝营洞穴生活的习惯，稻田土质以黏性为好，且要求腐殖质丰富而土质疏松，以弱酸性或中性为宜。田水无农药和其他毒物污染，敌害动物少，保证黄鳝在稻田里正常生长。丘陵和山区养殖黄鳝的稻田应有充足水源，而且要保证不会受到暴雨引发的洪水冲垮田埂，避免因逃鳝造成的经济损失。

　　养殖黄鳝稻田的工程设施既要能满灌全排，又要能保持有一定的载鱼水体，既要保证水稻的生长，又要有利于黄鳝生长。田埂加高加宽加固，并要有防止黄鳝逃逸的拦鱼设施。通常稻田经过翻整耙平后，在田的一头开挖 1 米深的鱼坑，占整个稻田面积的 5% ~ 8%；在稻田四周和中间开挖深 0.5 米、宽 0.5 米左右的沟，其形状呈"田"字形、"十"字形或"井"字形。田埂筑成 0.5 米高、0.8 米宽，堵塞漏洞，以备使用。一般养殖黄鳝的稻田，四周要建成 1.1 米的防逃墙，可用单砖砌成，顶部砌成"T"形，在进、排水口处安装闸板和网片。

● （二）稻田养鳝前的准备 ●

　　稻田放养黄鳝苗种前要进行消毒、注水和施基肥。稻田耙平后，每亩用生石灰 30 ~ 40 千克化成浆，均匀泼洒整个稻田进行消毒。等毒性消失后，注入田水使鱼坑内水位达到 1 米左右。每亩施畜禽粪肥 800 ~ 1 000 千克，以培肥水质，并在水面上放养水浮莲、绿萍等漂浮植物。

● （三）鳝种的投放 ●

　　4 月中、下旬，气温回升至 15℃以上时是稻田放鳝的最佳时机。放养时，温差不宜过大，放养后鳝种一般在插秧后进行。鳝种来源主要是设点收购或在野外采捕，要求体质健壮、体表无伤、体色深黄，并杂有黑褐色的斑点。若肚皮上有红斑或颈上充血的鳝鱼则有病或鳝体损伤不宜作种鳝。一般鳝种放养规格要整齐，大小要基本一致，以免互相残食。投苗量以每亩放规格 30 ~ 50 克/尾 8 000 尾为宜，规格小的还可以多投放。放养鳝种时，要用 3% ~ 5% 的食盐水洗浴 5 ~ 10 分钟，进行鳝体消毒。通常先将鳝种放入桶里，加水淹没，再逐渐向桶内均匀撒盐（500 克鳝用盐 150 克），直到鳝种在桶内盘曲扭动即捞起放入清水中，约 10 分钟后放入稻田坑池中。由于黄鳝是雌雄同体，自繁力强，故饲养黄鳝的稻田只需 1 次性投苗即可连续捕捉，以后可不再放鳝苗。为了防止黄鳝互相缠绕，以养鳝为主的稻田需要混养 10% 左右的泥鳅苗。

● （四）饲养管理 ●

1. 投饵

黄鳝属于杂食性鱼类，在稻田里摄食螺肉、小杂鱼、水蚯蚓、飞蛾等天然饵料。稻田养鳝饵料不足时，可以投喂鲜活的昆虫、蚯蚓、蚌肉、螺蛳肉、小杂鱼、小虾、蚕蛹等为主，畜禽的内脏、碎肉、下脚料等动物性饵料的投饵量要占 40% 以上，适当搭配麦芽、豆饼、豆渣、麦麸或瓜果、蔬菜、飘莎、浮萍等黄鳝喜食的植物性饵料。还可将碎肉、腐肉、臭鱼等腐尸物放在铁丝筐中，吊于沟上引诱苍蝇产卵生蛆，让蛆掉入沟中，供鳝吞食。可以缩短生产期，提高产量，仅靠吞食稻田里的昆虫和田中小动物是不够的，投喂饵料坚持做到定时、定质、定量、定点。每亩稻田要有固定投饵点

3~5个，不要随意改变。投喂时要把饵料投放在鱼坑的食台上和鱼沟内，饵料台可用木框和密眼网做成，吊放在鱼坑水面下 10 厘米处。日投饵量应根据气温、天气、水质状况等灵活掌握，水温在 20~28℃ 时一般每天投喂量为黄鳝总质量的 6%~10%；水温在 20℃ 以下或 28℃ 以上时日投喂量为鳝鱼体重的 4%~6%，以第 2 天不剩饵为准，残饵要及时清理。黄鳝一经长期投喂一种饵料后，很难改变食性，故在饲养初期投喂的饵料不宜单一，投喂饵料要新鲜。还可以驯化投喂人工配合饵料。由于黄鳝昼伏夜出，投饵时间要坚持在每天 16：00~18：00 时投喂。在 7—9 月份摄食旺季，上午加喂 1 次。夏季稻田中各种虫蛾处于高峰期，可在坑沟上挂几盏 3~8 瓦的黑光灯，灯距水面 5 厘米，可以引蛾虫落入田水中供鳝捕食，能降低饵料成本，提高养鳝的经济效益。当气温下降到 15℃ 左右，应投喂优质饵料供黄鳝入冬前大量摄食贮积养分冬眠需要。

2. 调控水质

利用稻田坑沟养鳝和水稻生产需要稻田中水位要采取"前期水田为主，多次晒田，后期干干湿湿灌溉法"。具体操作是：8 月 20 日前，稻田水深保持 6~10 厘米，20 日开始排干田内水，鱼沟、鱼坑内水位保持 15 厘米，晒田。然后再灌水并保持水位 6~10 厘米，到水稻拔节孕穗前，再轻微晒田 1 次。从拔节孕穗期开始至乳熟期，保持水深 6 厘米，以后灌水与晒田交替进行到 10 月中旬。10 月中旬后保持稻田水位 10 厘米至收获。

稻田养鳝期间，要求勤换水，保持水质肥、活、爽，含氧量充足。每 3～5 天要换 1 次水，高温季节还要增加换水次数。保持水质清新，换水时排出死角水 1/3 后，再注入新水。鱼坑水的透明度要控制在 30～40 厘米。鳝苗生长期间每 15 天向鱼沟内泼洒生石灰 1 次，用量为每亩 15 千克左右。

3. 施肥与施用农药

养鳝稻田施肥对水稻和养鳝都有利。养鳝稻田施肥要以基肥为主，追肥为辅，有机肥为主，化肥为辅，要在插秧前施足基肥，多施绿肥和厩肥，少用化肥。一般每亩施人畜粪肥 800～1 000 千克，或用 25 千克的尿素加 3 千克的硫酸钾再加 3 千克的过磷酸钙作基肥，1 周后插秧和放养鳝种，以保证稻田良好的生态环境。以后的生长期内，经常追肥，追肥量少多次，分片撒施。基肥占全年施肥量的 70%～80%，追肥占 20%～30%。稻田中追肥对黄鳝有影响的主要是化肥。因此一般施用的化肥必须是对黄鳝无危害的。但在施肥时，一定要把黄鳝引诱进鱼坑内再施肥。

养鳝田的水稻如出现病虫害，可采取综合防治，尽量不施农药或少施农药，防止稻田黄鳝中毒。如果必须施用农药，则需施高效低毒使鳝安全使用的药物。如 20% 的三环唑可湿性粉剂（防治穗劲瘟病）、50% 的多菌灵可湿性粉剂（防治纹枯病和穗瘟）、5% 的井冈霉素液剂（防治纹枯病）、50% 的甲胺膦乳油（防治虫害）。一般宜采用深水施药，粉剂药物应在早晨露水未干时喷施，而液剂药物则宜在阴天或晴天傍晚稻田进行喷施，下雨天不宜施药。喷雾器喷嘴伸到叶下，由下向上喷，尽量喷洒在水稻茎叶上，减少农药落入水中。施用农药时将田水放干，把黄鳝引诱到鱼坑内再施药，待药力消失后，再向稻田中注入新水，以防污染，让黄鳝游回田中。也可采用分片施药的方法，即 1 块田分两天施药，第 1 天半块田，第 2 天另半块田。一般每 10～15 天施 1 次。

4. 田间管理

平时要认真观察黄鳝的生长、吃食情况。发现疾病及时治疗，还要经常检查围墙、防逃网是否有逃鳝现象。田水的调节应根据水稻各生育期的需求特点，兼顾黄鳝的生活习性。水稻苗期、分蘖期的稻田水深保持在 6～10 厘米。晒田期间，要保持沟里"干干湿湿"。晒田过后，及时加深坑沟里的水，围沟、溜水深 15 厘米左右，经常更换新水。雨天要注意排水口畅通，要及时排水防逃。要勤换水，饵料残渣要及时捞走，以防败坏水质。高温季节要在鱼坑土搭棚遮阳，鱼坑内可以少量种植一些水花生、水葫芦或水浮莲，既净化水质，又降低水温。也可将稻田里的稗草或无效分蘖苗移栽入坑池。嫩草可作黄鳝饵料，并为鳝遮阳。当天气有变化时，要每天巡田检查、观察黄鳝生长、吃食等活动状况。天气闷热时，发现黄鳝离洞，竖起身体前部，头露出水面，说明水中缺氧，要及时灌注新水；暴雨应防止洪水漫田。如果发现黄鳝离开洞穴，独自懒洋洋地游泳，身体局部发白，说明黄鳝有病，要及时治疗。发现死鳝要及时捞起立即处理。此外检查水质及水稻长势，大雨时做好防洪排涝，疏通沟池，并检查田埂有无漏洞、是否牢固，防鳝外逃和敌害。水稻收后，当水温降到 10℃ 以下时，黄鳝就入池冬眠时应及时排尽池水。入冬后，池泥上要盖草包或稻草等物，并保持池中泥土湿润而温暖，使其安全越冬。当气温下降到 10℃ 以下，可将田水排干，但要保持湿润和温暖，可在田面上盖少量稻草以防结冰而使黄鳝冻伤致死。同时要防止禽、水老鼠、蛇类等敌害动物侵害。

● （五）防治鳝病 ●

稻田养的黄鳝背部常出现黄色蚕豆大小的梅花斑状的病症，可引起病鳝死亡。防治方法：取 1～2 只癞蛤蟆（学名叫蟾蜍），将其皮剥过头部，系上绳子，在水田 1 日拖几趟，一般 1～2 日内即可治愈。

第六节　黄鳝的人工繁殖技术

一、亲鳝鱼的来源与选择

供人工繁殖用的亲鳝来源野外捕捉。每年的 3 月中旬至 5 月上旬，可以从稻田、沟渠、池塘、湖泊等自然水域中用黄鳝笼或捕网及其他方法捕捞，也可以从农贸市场上选购 2 龄以上性成熟的野生黄鳝，当天移养到培育池中强化驯养，当年引种，当年繁殖可以避免近亲繁殖，但产卵效果较差。最好是自养自繁直接从亲鳝培育池中培育获得种鳝个体，不会带入新的传染病原。

无论哪种来源的亲鳝都必须进行严格挑选，挑选出来的个体要求体质健壮，发育健全，体色鲜艳，有光泽，游泳力强，无病无伤。口内有钩钓伤痕的不能留作亲鳝繁殖使用。选择的雌亲鳝个体要求体长 30 厘米左右，体重 50～150 克。选择出来的雄性亲鳝个体要求较雌鳝大，体长超过 39 厘米为好，体重 200 ~ 500 克。选留亲鳝的雌雄比为（2：1） ~（3：1）或4：1为宜。

二、雌雄亲鳝的鉴别

黄鳝有先雌后雄的性逆转特性。黄鳝在非生殖季节区别其雌雄个体，可以从外观上进行。一般小黄鳝个体体长 20 ~ 25 厘米，体重在 75 克左右的个体绝大多数为雌性；个体大的黄鳝体长 50 厘米、体重 200 克以上的个体大多数为雄性。体长在 25 ~ 45 厘米的中间个体为转变阶段的雌性或雄性个体，称为雌雄间体。在生殖季节区别雌雄亲鳝，除体长、外在形态和色泽方面有所不同外。雌鳝头部细小，不隆起；吻带圆形，体背呈青褐色，腹部呈浅黄色或淡青色。成熟的雌鳝腹部呈纺锤形，腹两侧饱满，个体较小的成熟雌鳝腹部有一明显透明带，体外可见卵粒轮廓，用手轻摸柔软而有弹性，生殖孔红肿。雄鳝头部稍大，微隆起，吻尖，全身有豹皮状的斑点或斑纹，背部一般有 3 条平等的褐色斑点，体侧沿中线各有 1 行色素带。腹部呈土黄色。雄鳝腹部较小，腹部两侧凹陷，腹壁厚而不透明，腹面有血丝状斑纹，生殖孔红肿，用手挤压腹部，能挤出少量透明精液。

三、催产与人工授精

●（一）催产●

催产是指性腺成熟的亲鳝注射催产剂，促其产卵的过程。

黄鳝自然繁殖产卵的时间较长，前后相差半个月至 1～3 个月。采用人工催产促使产卵和孵化时间集中，便于管理，获得成批的受精卵和鳝苗。

1. 催产季节

亲鳝性成熟的时期为最适催产期。催产季节因我国各地气温差异而有不同。长江中下游地区黄鳝的繁殖季节为5—8月，人工催产宜在6—7月进行，此时水温在 22～28℃。

2. 催产药物的种类及剂量

（1）催产药物的种类　黄鳝人工繁殖的催产药物主要是促黄体素释放的没激素类似物（LRH－A）、绒毛膜促性腺激素（HCG）和鲤、鲫脑垂体（PG）。

注射催产药物的剂量应根据不同药物、水温、亲鳝大小、性成熟程度等情况确定。

①注射 LRH－A 催产药物时，体重在 20～50 克的雌鳝，每尾注射 8～13 微克；体重 50～150 克的雌鳝，每尾注射 10～25微克；体重 150～250 克的雌鳝鱼；每尾注射 20～35 微克。雄鳝在雌鳝注射后 24 小时再注射，每尾注射 10～20 微克。

②注射 HCG 催产药物，每千克雌鳝用 2 500～3 000国际单位。雄鳝在雌鳝注射后 24 小时再注射，每尾注射 10～20微克。

③注射 PG 催产药物，每千克雌鳝注射 6～8 毫克；雄鳝在雌鳝注射后 24 小时再注射，剂量减半。

（2）催产药物的配制　注射用的催产剂需要用生理盐水（即 0.6％的氯化钠溶液）稀释溶解至所需的浓度均匀混合后吸入注射器中备用。根据每尾雌鳝体大小，一般用水控制在

0.5毫升，以不超过1毫升为宜。根据每次催产雌鳝尾数、重量，精确计算出需要生理盐水的量和催产素的剂量。PG按所需剂量称出，放入干燥洁净的研钵中，干研成粉末，再加入几滴生理盐水研成糊状，充分研碎后加入相应的生理盐水，配制成所需要浓度的悬浮液后，吸入注射器中备用。

3. 注射催产药物的方法

挑选性成熟的雌雄亲鳝称量体重，配制好催产药物的注射液即可进行注射。注射前用干毛巾或纱布轻轻包住黄鳝的头部和尾部，将其腹部向上，左手固定亲鳝背部防止滑动，右手持1毫升接4～6号针头（针头事先煮沸30分钟，严格消毒）。用注射器吸取催产药物注射液，排出空气后腹腔注射和肌内注射。腹腔注射效应较快，生产多采用腹腔注射法。由于雌亲鳝催产后产生药效时间比雄鳝晚，为了发情同步，先注射雌鳝，24小时后再注射雄鳝。

腹腔注射方法是将盛有催产药物注射液注射器的针头向亲鳝头方向、约与鳝体轴呈45°角，先刺入胸部皮肤和肌肉，在肌肉内平行前移约0.5厘米，插入胸腔（不宜针刺过深、防止刺伤内脏）后慢慢注入注射液，注射药液不超过1毫升。注射完毕立即拔出针头，将亲鳝放入小型水泥产卵池或网箱中暂养，水深控制在20～30厘米，每天换水1次，每次换水约总量的一半。

肌内注射的方法是将亲鳝体侧卧在毛巾上，注射针头朝亲鳝头部方向呈45°角刺入侧线以上背部肌肉0.5～1厘米，慢慢注入催产药物注射液，注射完毕迅速拔出针头，并用酒精棉球紧压针眼，起到消毒和防止注射液流出的作用。经催产剂注射后的亲鳝应立即放回静水的小繁殖池中，让其自然产卵受精孵化，或采用人工授精和人工孵化的方法。

4. 产卵与受精

亲鳝注射催产剂至开始发情产卵所需要的时间称为效应时间。效应时间的长短与水温、催产剂种类、性腺成熟度等有密切关系，尤其是水温是决定效应时间长短的主要因素。水温高，效应时间短；水温低则效应时间长。一般水温在27～30℃时，效应时间在50小时以下；水温23～28℃时，效应时间在50小时左右。经催产后雌鳝腹部明显变薄，生殖孔红肿，并逐渐开启，亲鳝开始发情，吐泡沫筑巢，可在第3天开始产卵。在效应时间到来之前，雌雄亲鳝都要在水葫芦、水浮莲等水生植物丛中筑巢，并在巢上吐泡沫。雌鳝产卵同时雄鳝排精于泡沫巢上，完成受精过程。

亲鳝鱼产卵季节经人工催产后可自然产卵自行繁殖，也可采用人工授精和人工孵化。

（1）自然产卵受精和孵化　在产卵季节将性腺成熟的雌雄亲鳝或经过催产的亲鳝，按雌雄性一定比例放入适宜亲鳝产卵环境的产卵池内，让其自行繁殖自然产卵排精和授精。受精卵可在孵化池孵化出苗。

（2）人工授精和孵化　在繁殖季节从雌雄亲鳝体内采集成熟的卵子与精子，将其混合完成受精的方法获得受精卵。人工授精操作方法是将亲鳝分别放入设置在水池中的2个不同网箱中，要求箱内水深一般在20～30厘米，水温在22～25℃，并保持水体清新的条件下，注射催产剂40小时后，每隔3小时检查1次排卵情况。检查方法是用手触摸雌鳝腹部，由前向后滑动，如感到卵粒已经游离或有卵粒排出时，应立即实行人工授精。由于亲鳝的效应时间不一致，所以，同一批注射的亲鳝要进行多次人工授精。

受精卵人工授精通常先人工采卵后取精巢。人工采卵方法是捞起成熟卵已经游离在卵巢腔中开始排卵的亲雌鳝，用干毛巾抹其腹部水分后，轻轻包握住雌鳝体前部，使其生殖孔对准干净的瓷盆中，用手由胸部向后挤压腹部，挤出成熟的卵粒流入盆中，连续挤压3~4次，直至挤完为止。但也有部分雌鳝出现泄殖孔堵塞现象，此时可用消毒过的小剪刀插进泄殖孔腔处向内剪开0.5厘米左右的小口，然后再将卵粒挤出，连续3~5次，直至挤空为止。将鳝卵挤入瓷盆后，用同样方法立即把性腺成熟的雄鳝的精液挤入盆内，如挤不出精液，可把雄鳝杀死取出精巢（精巢一般呈灰黑色），用剪刀迅速剪碎或用研钵研碎成浆，并用生理盐水稀释，一般1尾雄鳝的精巢加15毫升生理盐水稀释后放入盛有鳝卵的瓷盆中的鳝卵上。人工授精时的雌雄亲鳝配比视产卵量的多少而定，一般为（3∶1）~（5∶1），然后用羽毛轻轻搅拌精、卵2分钟，充分搅拌均匀混合后，放置2~3分钟，再用清水反复清洗受精卵，去除精巢碎片和血污，鳝卵即完成人工授精。将其受精卵放入孵化池或孵化器中进行孵化。

四、受精卵人工孵化

黄鳝受精卵人工孵化是根据受精卵胚胎发育的生理和生化特征，采取相应的孵化管理措施，创造适宜胚胎正常发育的孵化条件，孵化出优良的鳝苗，以提高孵化率和鳝苗的成活率。鳝卵的相对密度大于水，在自然繁殖的鳝卵靠亲鳝吐出的泡沫浮于水面孵化育苗。人工孵化鳝的受精卵无法得到鳝卵的泡沫，鳝卵会沉入水底。因此，人工孵化设备应根据受精卵孵化数量多少，选用孵化桶、孵化水簇箱、小型网箱和孵化环道等不同设备，采取静水孵化、滴水孵化和流水孵化等不同孵化方法，最好采用流水孵化方法，能保持微流水，水泥孵化池一边进水一边溢水。当鳝的受精卵较多时，可采用孵化桶流水孵化，流水孵化靠水的冲力（水的冲力不宜过大）能冲起受精卵，以保证其不深入水底。

● （一）静水孵化法 ●

受精卵在静水中孵化管理得当能孵出鳝苗。具体方法是孵化容器内的水位不宜过深，一般控制在 10 ~ 15 厘米。因此法孵化是封闭型容器，未受精卵崩解后易使水质恶化，加之胚胎发育过程，越到发育后期耗氧量越大，为保持孵化容器的水体中溶解氧充足，在孵化过程中要及时清除未受精的鳝卵，同时注意经常换水。每次换水量 1/3 ~ 1/2，每天换水 2 ~ 3 次。越到孵化后期越要增加换水次数，每天换水 4 ~ 6 次，确保孵化容器中水质清新，溶解氧充足。

● （二）滴水孵化法 ●

采用静水孵化法将每天换水改为不断滴水，增加孵化容器中水体溶解氧含量，改善水质，孵化出鳝苗的方法即是滴水孵化法。具体步骤是孵化前 1 天在洗净消毒的孵化器皿底部均匀铺上 1 层细沙（需要用水洗净后放在日光下暴晒消毒）

可防发生水霉病，还利于胚体出膜。胚体出膜前不停转动容器，与细沙摩擦，能加速卵膜破裂，使仔鳝提早出膜。孵化器皿上安装水龙头，接出小皮管，控制水滴的大小和速度。根据鳝卵多少和水温情况，一般孵化前3天控制在每分钟30~40滴为宜。孵化到第4天后，每分钟调至50~60滴为好。孵化器皿应有溢水口，可经常排除孵化器皿内的部分脏水。

● （三）流水孵化法●

　　用微流水孵化效果更好。在木框架中铺平筛网，将黄鳝受精卵放在清水中洗净后在筛网上均匀附着成薄薄1层卵块，将筛网浮于水泥池中的水面上，使鳝卵的1/3表面露出水面。水泥池保持微流水，一边进水一边溢水孵化，保持水质清新，确保孵化用水的溶解氧含量。进排水口或换水孵化设备要用细密眼筛绢过滤进排水，防止敌害生物随水进入孵化器皿或孵化池内，危害鳝卵的孵化。同时也能防止孵化卵随排水流失。

　　孵化卵较多、规模化生产时采用流水孵化法，本法孵化效率高。在桶底部安装一内径2~2.5厘米的进水管，桶上面有筛绢滤水网罩过滤出水，水流从桶的底部流进，由顶部溢出，靠水的冲力将黄鳝的受精卵浮在水中孵化。注意水的冲力不宜过大，因此要适当调控流水量。桶体容水量一般为200~250升，放卵密度为20万~25万粒。

　　无论采用哪种孵化方法孵化鳝卵，鳝卵放入孵化器皿、孵化池前都要用20毫克/升的高锰酸钾溶液浸泡20分钟左右进行消毒，并要加强管理。静水孵化法中器皿、孵化池中水深不宜过大。在孵化期间要经常检查受精卵孵化情况，及时捞除未受精崩裂的鳝卵，防止恶化水质，保证孵化用水的溶解氧含量，避免孵化卵感染水霉病。注意调控水温，保持水温稳定在 26～31℃，换水水温差不超过 2～3℃。采取相应的管理措施，保障技术得当，可使胚胎正常发育，孵化出优质的鳝苗，即能提高受精卵的孵化率和鳝苗的成活率。

五、黄鳝受精卵的胚胎发育

刚产出的黄鳝卵呈圆形，卵径 3.3～3.7 毫米，卵粒重 35 毫克左右，呈黄色或橘黄色，卵黄均匀，镀膜无色，半透明状。受精后受精卵吸水膨胀形成围卵间隙，此时卵径增大至 3.8～5.2 毫米（多数为 4.5 毫米左右），细胞质向动物极集中。受精后 40～60 分钟形成隆起的胎盘，接着在胚盘上进行卵裂。卵受精到原肠早期，卵的动物极均朝上。

● （一） 卵裂期●

在 25℃ 水温下，黄鳝卵受精后 120 分钟左右第 1 次卵裂。鳝卵受精后 180 分钟左右发生第 2 次卵裂；鳝卵受精后 240 分钟左右发生第 3 次卵裂；鳝卵受精后 300 分钟左右发生第 4 次卵裂；鳝卵受精后 360 分钟左右形成大小基本相等呈单层排列的 32 个细胞。此后卵裂继续进行，进入多细胞期，细胞越分越多，受精后 12 小时左右发育到胚囊期。

● （二） 原肠期●

黄鳝卵受精后 18 小时左右，动物极细胞下包进入原肠早期，形成环状隆起的胚环。鳝卵受精 21 小时左右，胚盾出现，进入原肠中期。鳝卵受精 35 小时左右，下包到卵的 1/2，神经胚形成。鳝卵受精 44 小时左右，发育到大卵黄栓期。鳝卵受精 48 小时左右发育到小卵黄栓期。鳝卵受精 60 小时左右胚孔形成。

● （三）神经胚期 ●

胚盾形成并不断加厚，形成原神经极。此后随原肠下包，神经极不断发育和伸长。在鳝卵受精 65 小时左右形成神经胚。神经胚头部膨大形成前中后 3 个脑泡，随后可见菱形脑室。鳝卵受精 85 小时左右，视泡出现在前脑室两侧。鳝卵受精 100 小时左右晶体形成。

● （四）器官发育期 ●

鳝卵受精 60 小时左右形成直管状的心脏，并开始缓慢地搏动，每分钟 45 次左右，血液中无红细胞。此后心脏两端膨大，出现心耳和心室，进而出现弯曲。鳝卵受精 69 小时左右，胸鳍形成并不断扇动，每分钟 90 次左右。鳝卵受精 77 小时左右尾端朝前弯曲。鳝卵受精 95 小时左右尾部朝后伸展并不断伸长。胚胎的背部和尾部已经形成明显的鳍膜。到卵黄囊接近消失时胸鳍和腹鳍也退化消失。

● （五）出膜期 ●

胚体长达 8.5 ~ 9 毫米时，尾端游离，卵黄囊上密布微血管网，腹面有一列整齐的脂肪球。胚体长达 11 毫米时，胸鳍和鳍褶增大，出现微血管网，血液在其中游动。眼上出现黑色素，肌节 127 节。出膜前胚体在卵膜内剧烈转动。在水温适宜情况下，鳝卵受精后经过半个月左右孵化时间即可成为仔鳝破膜而出。此时体长 12 ~ 18 毫米。出膜的仔鳝放入大瓷盆、水簇箱或小水泥池中培育，水深 10～30 厘米，搞好水质管理，每天换水 1/3。刚孵化出的仔鳝体弱，只能侧卧于水底，胸鳍来回摆动，间断地做上下挣扎状游动，仍然需要靠卵黄囊维持生命。仔鳝出膜后 120～160 小时，体长达 23～26 毫米时，卵黄囊基本消失。仔鳝出膜后 216～226 小时，体长 28～29 毫米时，仔鳝体色黑褐，卵黄囊全部吸收消失，并能快速游动，胸鳍和鳍膜均已退化消失，开始摄取水中的小型浮游动物、轮虫和丝蚯蚓等食物。人工培育鳝苗投喂煮熟的黄米粒，数日后即可放入幼苗培育池中培育。

第三章　泥鳅养殖技术

泥鳅，又名鳅鱼，简称鳅，在动物分类学上属于鱼纲、鳅科的底栖鱼类，在我国分布甚广，为出口的小型淡水经济鱼类之一。

第一节　中国泥鳅养殖现状与发展前景

泥鳅属于温水性底层鱼类，在我国分布较广，多栖息于静水或缓流水的池塘、沟渠、池沼、水田等淡水浅水环境中。泥鳅体肥肉多，肉质细嫩，味道鲜美。其营养价值比对虾、黄鱼还要高，素有"水中人参"之美称。我国民间有"天上斑鸠，地上泥鳅"的赞誉。据测定，每百克可食部分的蛋白质含量高达 18.4～22.6 克，比一般鱼类高；含有脂肪 2.8～2.9 克，热量 100～117 千卡、钙 51～459 毫克、磷 154～243 毫克、铁 2.7～3.0 毫克等矿物质，维生素 B_1、维生素 B_2 和烟酸，以及多种维生素和尼克酸等，为一种滋补食品。

泥鳅养殖在国外的历史较长，尤其是日本养殖较早，已经有 70 多年的历史。泥鳅仅靠其自然繁育生长，产量很低。早在 1944 年，日本川村智次郎曾采用脑下垂体制荷尔蒙激素注射液应用在泥鳅的人工采卵，为养殖泥鳅生产提供大批苗种开辟了新途径。之后泥鳅的人工养殖规模及泥鳅优良品种的选育等逐步发展。在朝鲜、俄罗斯和印度等国亦有泥鳅的人工养殖。

改革开放以来，随着我国居民消费水平的提高，国内外市场对泥鳅的需求量大大增加，尤其是近年来，仅武汉、广州两地每年市场的需求量就在1 400吨以上。原来售价为每千克16～24元，现已经攀升到每千克25～38元。泥鳅在国内市场成为紧俏水产品，年销售量4 000多吨，泥鳅还通过我国港澳地区销往东南亚等地，出口到日本、韩国等诸多国家，仅每年销往日本的泥鳅就达4 000吨以上。我国出口1吨冰鲜泥鳅可换回26吨钢材，其经济价值相当可观。可见，养殖泥鳅市场潜力很大，前景广阔。

泥鳅不仅具有较高的经济价值，而且耐缺氧能力较强，对环境的适应性很好，食性杂，饵料来源广，养殖成本低，而且养殖占地少，用水量不大，饲养管理容易，运输方便。可见，养殖泥鳅大有可为。

我国淡水面积广阔，各地可利用庭院养鳅、池塘养鳅、水田养鳅及农村浅水水体、洼地、坑塘、沟渠等小水体网箱养鳅。近年来，全国多家科研院所结合生产实践进行泥鳅规模人工繁殖培育苗种的试验成功，使泥鳅养殖的产量大大提高。每公顷水面产鳅量达1.5万千克左右。我国集约化养鳅必然成为新的趋势，从而实现科研、生产、加工一体化泥鳅商品生产。

第二节　泥鳅的营养价值和经济价值

泥鳅刺少、体肥、肉多，肉质细嫩，味道鲜美，有相当高的营养价值。据测定，每百克可食部分的蛋白质含量高达 18.4～22.6 克，比一般鱼类高；含有脂肪 2.8～2.9 克，碳水化合物 2.5 克，灰分 1.6 克，钙 51～459 毫克、磷 154～243 毫克、铁 2.7～3.0 毫克等矿物质，维生素 B_1 30 微克，维生素 B_2 440 微克和硫黄素 0.08 毫克，核黄素 0.16 毫克和尼克酸 5.0 毫克，此外，还含有较高的不饱和脂肪酸。其营养价值比对虾、黄鱼还要高，素有"水中人参"之美称，已经成为一种大众普遍认同的滋补品。所以，泥鳅在日本和我国香港、南方地区销路甚广。泥鳅的肉和滑液可供药用，具有滋补、强身的功效。《医学入门》中称它能"补中、止泄"。李时珍在《本草纲目》中记载：泥鳅味甘、性平、无毒，具有补脾益气、除湿、兴阳之功效。中医认为泥鳅具有补中益气、祛湿邪等功效，还能辅治丹毒、腮腺炎、肝炎、小儿盗汗、痔疮、小便不通、热淋、糖尿病等疾病；此外，病后虚弱、神经衰弱用泥鳅食疗，能滋补强身，补中益气、壮阳利尿、祛毒除痔都有一定药效。尤其是老人、儿童、孕妇及贫血、肝炎患者的上等保健食品。

泥鳅适应性和生命力强，对水质、气候条件要求不高，食性杂、饵料来源广，饲养泥鳅投资少，生长快、发病率极低、易饲养、周期短、产量高；泥鳅在日本、中国香港销路甚广。利用稻田、沟渠、池塘等浅水水域水体饲养泥鳅可获得很好的经济效益和生态效益。

第三节　泥鳅外部形态与内部构造特征

一、泥鳅外部形态特征

　　泥鳅体细长，约10厘米，前端呈亚圆筒形，腹部圆，后端侧扁，背鳍与腹鳍相对后部侧扁。头部较尖，稍侧扁，眼小，位于头侧上方，吻部向前突出，被皮膜覆盖，口小、下位，有须5对。雌性胸鳍比较短，前端较圆，呈扇形；雄性胸鳍比较长，前缘尖端上翘（图8）。体背暗，黄褐色，有不规则的黑色斑点，腹部灰白色或浅黄色，泥鳅体色随栖息环境不同而体色不同。泥鳅胸鳍、腹鳍和臀鳍均为灰白色，尾鳍圆形，尾鳍基部上方和背鳍具有黑色小斑点。雌鳅胸鳍较短，前端较圆，呈扇形。雄鳅胸鳍较长，前缘尖端上翘。

图8　泥鳅

二、泥鳅内部构造特征

　　泥鳅有咽喉齿1行，为13～15/15～13，生于第5对鳃弓上，排列呈"V"形。每个咽喉齿向内侧弯曲略成钩状。泥鳅共有骨骼234块，其中包括头骨30块，有椎骨49~51块，四肢骨分肩带和腰带，消化道特征是食道短而细，胃壁厚，前部约1/3膨大形成"工"形胃，在中部有3~5圈螺纹形的卷曲，肠管短而粗，直线状，后肠逐渐变细，慢壁薄，具有丰富的血管网、有辅助呼吸功能。鳔小，呈双球形，前部包于骨质囊内，后部细小游离。泥鳅的呼吸方式和一般淡水鱼不同，除用鳃呼吸外，其肠壁薄，密布血管。泥鳅在天气闷热、水中溶解氧不足时，常游出水面吸收空气入肠后在血管内进行气体交换，然后从肛门排出气泡。泥鳅进行肠呼吸约为总吸氧量的1/3。

雌鳅性成熟较雄鳅迟，体长5厘米时，雌鳅体内有1对卵巢；体长8厘米时，2个卵巢愈合在一起成为1个卵巢，并由前端向后端延伸，这时整个卵巢发育开始成熟，怀卵量约2 000粒。雄鳅性成熟个体体长6厘米以上，性成熟较雌鳅早。雄鳅有精巢1对，位于腹腔两侧，呈带状且不对称，右侧的精巢比左侧的长而狭窄，重量也较轻。当雄鳅体长达9~11厘米时，精巢内约有1亿个精子。雌鳅排卵同时，雄鳅排精进行体外受精。

第四节　泥鳅生态习性及对环境要求

泥鳅是温水性的底层鱼类，常栖息于池塘、湖泊、小河、稻田、沟渠和池沼等淡水静水底层软泥中，平时栖息在静水和缓流水下的淤泥表层。泥鳅眼小，视觉不发达，其触觉和味觉敏锐，口边的触须能帮助它寻找食物。白天钻入底泥中，夜出觅食，生殖期间由于食量增大，也常在白天觅食。泥鳅为杂食性鱼类，幼鱼阶段主要吃小型甲壳动物、水蚯蚓、水生昆虫及其幼虫等动物性饵料及植物性饵料，如植物碎屑和藻类等为食，有时也吃水底泥渣中的腐殖质；与其他鱼类混养时，常以其他鱼类吃剩的残饵为食，所以在鱼塘、鳝鱼池中兼养泥鳅能起到清塘效果。泥鳅生长水温为15～30℃，当水温在15℃以上开始摄食，水温25～28℃时捕食最旺、生长最快。夏季晴天一般集中于蔽荫处，投饵场应设在蔽荫处。夏季水温上升到34℃时，它就潜入泥中或池水底，不吃食，不活动，呈现一种休眠状态度夏。冬季水温降到3℃时，它又潜入泥中越冬。

泥鳅分布于亚洲各国，如中国、日本、朝鲜、印度等，俄罗斯也有分布。尤其以我国长江中下游地区分布广泛。

泥鳅雌雄异体，2冬龄的泥鳅性成熟，行体外受精。开春后4月上旬当水温达到18～20℃时，亲鳅开始自然繁殖。繁殖适宜水温为18～30℃，最适宜水温为22～28℃。泥鳅繁殖力强，1—7月份2龄后的泥鳅开始产卵，产卵盛期为5月上旬到6月中旬，产卵一直延续到7月。多在雨后晴天早晨产卵。泥鳅产卵前，雌鳅在前面游动，数尾雄鳅追逐其后，并卷曲于雌鳅腹部，以刺激雌鳅产卵。泥鳅每次产卵历时4～7天。泥鳅怀卵量随体长的增长而增加，一般为7 000～10 000粒。1条15厘米长的雌鳅可怀卵15万粒左右。受精卵黏附在水草或石头上，易脱落水底孵化。孵化后2昼夜，鳅苗全长达11毫米左右，鳅苗形态和成鳅相仿。

第五节　泥鳅人工繁殖

一、雌雄鳅的鉴别与选择

　　泥鳅为雌雄异体，可从外观上鉴别泥鳅的雌雄，雌鳅个体大于雄鳅，雄鳅背鳍末端两侧有肉质突起，胸鳍较大，第2鳍条最长，前端尖形；尖部向上突起。雌鳅背鳍末端无肉质突起，胸鳍短小，前端圆钝呈扇形展开（图9、图10）。雄鳅的胸鳍有追星，雌鳅则无。雌鳅产卵前肚大腹圆，且色泽变动带透明，黄粉红色，在生殖孔两侧留有白色斑痕，雄鳅则无。雄鳅在生殖期间用手挤压腹部有魄精液流出。供作人工采卵的亲鳅，可从天然水域捕获的亲鱼中选择。在5—7月份可从天然水域中捕获野生雌、雄鳅中，选择体质健壮、2~3冬龄，雌鳅体长10厘米以上，最好15~20厘米，体重18克以上，最好用体重30~50克、体长15~20厘米以上作亲雄鳅。体色正常并要求无伤无病的泥鳅作为鳅种。选择的雌鳅腹部还要膨大而柔软，腹部稍有黄红色者为佳，腹中线扩散，用手抚摸肋骨明显，雄鳅要求胸鳍明显，个体与雌鳅大小相近。

二、鳅种培育

　　选择泥鳅亲鱼后，需要建造培育池培育亲鳅。鳅种培育池100~200平方米均可，也可以用原有育苗池培育，但水深

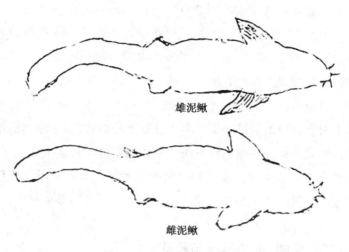

雄泥鳅

雌泥鳅

图 9 雌雄泥鳅的外形

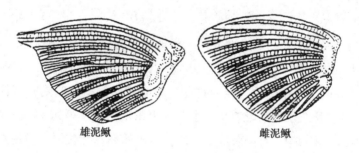

雄泥鳅　　　　　　　雌泥鳅

图 10 雌雄泥鳅的胸鳍

宜为 40～50 厘米。鳅种池培育前也要清塘，方法是注水前用药物高锰酸钾每立方水体 20 克左右浸泡，以杀灭池中的病原体，在亲鳅培育过程中要注意施肥等操作的要求，与鳅苗培育阶段基本相同。由于泥鳅有同类残食的习性，因此放养的鳅苗必须大小规格一致。选取 1 厘米的鳅苗放养在一个池中，放养量为 1 500 尾/平方米左右；1 厘米以上的放养在另外一个池中，放养量为 1 000～1 200 尾/平方米。鳅种培育过程中，为补充水中天然饵料的不足，可在鱼粉、蚕蛹粉或剁碎的动物内脏等动物性饵料中加入少量小麦粉、蔬菜屑等植物性饵料，混合制成小颗粒的配合饵料，放在饵料盘中投喂，每天 3 次。日投饵量按泥鳅体重总量的 5% 计算。水温上升至 23℃ 以上时，日投饵量可增加至鳅体总质量的 8% 左右。用稻田培育鳅种是一种较好的培育方法。早春如获得天然繁殖满 1 年，全长在 5 厘米左右，体重 2～3 克的小泥鳅，放在稻田（或培育池中）进行人工采卵孵化，培育种苗，稻田饲养小泥鳅。

■ 三、采卵、人工授精与孵化

● （一）人工催产 ●

泥鳅一般 2 冬龄性成熟，产卵季节是 5—8 月，怀卵量多达 6 500 粒左右，产卵水温 25～26℃。生殖期雄鳅追逐雌鳅，并卷曲于雌鳅体腹，促使排卵，同时雄鳅射精使卵受精（图 11）。卵产于浅水岸、小沟水草、水田禾苗根系等处。卵正圆形，卵径 1.1～1.4 毫米，黄色，产出的卵黏性较弱，极易从附着物上脱落。对鳅鱼进行采卵，通常是注射鲤、鲫的脑下垂体或绒毛膜促性腺激素。脑下垂体是丙酮类脱水干燥后的产物，将脑下垂体放在研钵中磨细，然后每一垂体加 0.1 毫升的泥鳅林格液（食盐 15 克、氯化钾 0.4 克、氯化钙 0.8 克，逐渐溶于 2 升蒸馏水中），充分拌匀而成脑下垂体悬浊液。注射时，通常每尾雌鳅需注射鲤垂体 1～2 个，才能排卵，雄鳅减半。若用绒毛膜促性腺激素，每尾雌鳅注射 260～

500 国际单位，若按每克体重计算则注射 15～20 国际单位。脑下垂体悬浊液及绒毛膜促性腺激素均为腹腔注射。当水温 25℃左右，注射后 6～8 小时排卵。当成熟的卵似能压出时，就要从性成熟的雄鳅腹内取出精巢，在林格液中剪细，制成精子悬浊液。由于雄鳅的大小不同，因此每 2～4 尾雄鳅的精巢，配制成 30～50 毫升林格液，这样配制成的精液可以使用 3 个小时左右。

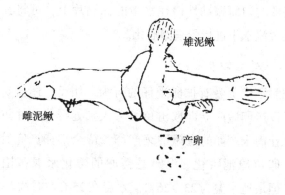

图 11　泥鳅产卵示意图

● （二）采卵与人工授精 ●

　　人工授精前，应准备鱼巢和授精所用的器具，并将器具清洗干净放在阴凉处。人工授精方法是将确认催产后排卵的亲鳅，用湿纱布包住，露出肛门到尾部，用手把雌鳅的肛门朝上，并用左手拇指由前向后轻压腹部，将卵从生殖孔挤入瓷碗或器皿中，同时右手 20 毫升注射器针筒吸取精液悬浊液（不装注射针头），再将精子悬浊液滴洒在卵上，使卵子逐渐掉入有水的脸盆中（注意不要使卵互相黏在一起而成团），轻轻摇晃，并用羽毛轻轻搅拌，使精液充分接触卵子。数秒钟后加入少量清水，激活精子与卵子充分受精。受精完毕后，将盆中的水换 2 次，洗去多余精液。随即将受精卵进行孵化，在 10 升静水中，可放 5 000 粒左右卵进行孵化，在孵化过程中 1 天要换 2 次水。大规模生产中受精方法是用上述同法挤卵，而把卵挤在大碗或 500 毫升烧杯或培养皿中，用注射器把精子悬浊液滴洒在卵上，用羽毛搅拌卵和精液，经 4～5 分钟后将卵均匀而振动地撒在水中的棕榈片上，可将其放在静水中或者流水中进行受精卵孵化。

● （三）人工孵化 ●

泥鳅不像黄鳝有护卵爱仔的行为，相反，还会吃自己的卵，所以产卵后应立即取出鱼巢移入别处孵化，并布上新的鱼巢，让尚未产卵的泥鳅继续产卵，待全部卵产完后，捕出亲鳅，卵留原池孵化。泥鳅受精卵的孵化水温范围为 15～30℃，但最适水温为 23～26℃。水温在 25℃左右约 40 小时即可孵出。孵化过程中，尽量把死卵清除。为防止受精卵水霉病，在孵化时，将黏附有卵粒的鱼巢放入漂白粉溶液中浸泡 20～30 分钟再去孵化。

泥鳅受精卵的孵化方法　泥鳅受精卵孵化可在室内或室外采用静水孵化或流水孵化方法。

1. 静水孵化法

将黏有泥鳅受精卵的鱼巢放到孵化设备内（如孵化池、孵化箱或产卵池等）进行孵化。孵化设备用的水水质必须清新，每升水可放入 500 粒左右受精卵并用吸管分离，防止受精卵相互挤压在一起，而缺氧影响其孵化率。在孵化池、孵化箱和产卵池进行静水孵化过程中，因没有清水流入孵化设施内，水质容易变坏或缺氧而导致孵化率降低。

2. 流水孵化法

将黏有泥鳅受精卵的鱼巢放到孵化设备，如孵化池、孵化箱或孵化环道具中用微流水进行孵化。放入泥鳅受精卵的密度一般每升 800~1 000 粒为宜，也有去巢后的受精卵放入孵化设施中微流水进行孵化，但较难以掌握水流的大小和速度。生产实践中多采用室外网箱微流水孵化法。网箱入水 20 厘米左右，日光照在微流水的网箱上可使水温缓慢上升，很少发生水霉病，孵化率较高，一般孵化率可达 80% 左右。

● （四）泥鳅的胚胎发育过程 ●

受精卵孵化、胚胎发育与水温有密切关系。泥鳅受精卵孵化水温范围为 18~31℃，适宜水温为 20~28℃，最适宜水温为 24~25℃。孵化时间随水温高低而不同，如水温 18℃左右，受精卵胚胎出膜时间需要 46~47 小时；水温 22℃左右，受精卵胚胎出膜时间需要 30 小时左右；水温 25℃左右时，受精卵胚胎出膜时间需要 27~28 小时；水温 28℃左右时，受精卵胚胎出膜时间只需要 22 小时左右。

刚孵出的泥鳅全长 3.5~3.7 毫米，身体透明状，肌节共 40 节，躯干部分 27 节，尾部 13 节，背部具有稀疏的黑色素，卵黄前端上方有胸鳍的胚芽，卵黄前端和头部具有孵化腺，2 对鳃丝露出，不能自由移动，只能用头部吸附器附在鱼巢或其他物体上，以腹部的卵黄为营养，经过 3 天左右，卵黄被吸收完，鳅苗才能游动，开始摄食。泥鳅受精卵孵出后 21 天，鳅苗全长 15.7 毫米左右，形态和成鳅相仿。此时，可转入育苗池培育。

第六节　鳅苗的培育

一、泥鳅育苗池的建造

泥鳅饲养池宜建在温暖、通风、日照良好、水源充足、无污染、排水方便的地方。池土以黏质土为好，呈中性或弱酸性。泥鳅育苗种池面积以 50～80 平方米大小为宜，水深30～50 厘米。用土池培育，池埂应修陡些，并且高出水面 30厘米，池埂、池底均应捶打夯实，以防渗漏。

二、清塘和培育水质

鳅苗入池前 15 天左右需要清塘。先排干池水，暴晒 4～5天，再用生石灰加水化开，趁热全池泼洒进行清塘（每平方米用 50～75 克），然后注入 20～30 厘米深的清水。为了使鳅苗下池后能吃到适口的饵料，应培育好水质。在施石灰后约 7天，药性消失注水施基肥。每平方米施放 1.5 千克左右的猪粪作为基肥。但要控制水质肥度，施肥后 5 天即可放养鳅苗。池中最好投植一些水草。

三、鳅苗放养密度

鳅苗放养静水池宜偏稀，一般放养孵出 2～4 天的水花鳅苗，放养量为每平方米 800～1 000尾。微流水池或网箱饲养可偏密，放养 10 日龄体长约 1 厘米的鳅苗，每平方米 500～1 000尾为宜。网箱饲养鳅苗放养量为每平方米 1 500尾左右。

四、投饵施肥

孵化 3 天左右的鳅苗，便开始摄食外界的食物，适口的天然饵料是以轮虫为主的小型浮游动物。为此在鱼苗放养前，池塘应先清塘，注水施基肥，为了保持水质肥度，每周往池中泼洒发酵的猪粪 1 次，每次 50～100 克/平方米。在鳅苗培育过程中，还应投喂豆浆、豆饼浆等人工饵料。豆浆投喂量每天约 10 克/平方米，分 3 次投喂。泼洒豆浆时要泼得均匀，即做到"三边二满塘"（每天投喂 3 次豆浆，上午先塘边，后满塘，中午只沿塘边泼浆，下午与上午相同）。此外，还应经常向池中注入新水，以防止鳅苗缺氧而浮头。培育 10 天左右，鳅苗长到 1 厘米上下，即可转入种鱼池培育。

五、日常管理

鳅苗培育期间要勤除池埂杂草，坚持每天巡池 3 次。第 1 次巡池应在早晨，如发现稚鳅群集在水池侧壁下部，并沿侧壁游动到中上层，很少游动水面，说明培育池中缺氧，应立即换水。午后巡池主要查看鳅苗活动情况；傍晚巡池主要查看育苗池是否存在稚鳅不适应低氧环境而引起死亡的水质和鳅苗摄食情况，做好次日投饵、施肥和注水等工作准备。如发现鳅有异常表现，应及时捞起来单养，并给予治疗。

第七节　泥鳅的饲养管理

泥鳅的养殖方式有池塘养殖、网箱养殖、流水木箱养殖、农村庭院池沼、洼地、水凼、坑塘等养殖、水生作物田养殖等。

一、池塘养殖泥鳅

池塘养殖泥鳅是一种适合大规模饲养的方式。单产水平高，技术操作水平要求也较高。

●（一）池塘建造●

选择避风向阳、水源充足、注排水方便、无污染的弱碱性底质的地方建造成养殖池塘。池塘面积以 150～250 平方米为好，池深 70～150 厘米，水深 40～50 厘米。池塘分土池和水泥池 2 种。土池壁需要用砖或石块浆砌或用三合土夯紧，池底也要夯实，做到坚固、耐用、无漏洞。水泥池要在池底铺上 20～30 厘米厚的泥土。池塘底部要求平坦，最好池底略向排水口倾斜，进、排水方便。出水口的浓度要低于进水口，以便于水体交换及清塘。进水口和出水口要有塑料或铁丝网拦住。池塘中央或进水处修建集鱼坑。

●（二）清塘和施肥●

放养鳅种前要用生石灰或漂白粉清塘，清塘 1 周以后方可灌注新水至 20 厘米深，随后施用基肥，培育水质。基肥配方为每平方米用畜禽粪 2 千克、杂草堆肥 2 千克、米糠 50 克拌匀，经太阳晒干后铺放在池边四角处。施肥后 3～5 天，鳅苗即可下塘。

●（三）放养鳅苗●

施足基肥后 2～3 周，水体中生有大量水蚤后，把池水加深到 50 厘米左右即可放养鳅种。每平方米水面放养种量为 50～60 尾，体长 3～5 厘米的鳅种。水质好饵料足的池塘可适当增加放养数量。商品鳅的生产周期一般为 8～9 个月。有当年苗直接养成和隔年苗种养成 2 种形式。当年鳅苗直接养成即在当年 9 月份将体长 3 厘米的泥鳅养到第 2 年的 7—8 月份收获；隔年鳅种养成是在第 2 年的 4 月把体长 5～7 厘米的泥鳅养到第 3 年的 3—4 月份收获。

●（四）饲养管理●

养殖过程中既需要根据水质肥瘦及时追肥，用肥水培育天然饵料，又要增加人工投饵。鳅种下池塘后，一般每隔 30～40 天，追肥 1 次。每次每亩追肥 60～75 千克，池水透明度控制在 15～20 厘米，水色以黄绿色为好。投喂的人工饵料有蝇蛆、蚌肉、杂鱼、鱼粉、动物内脏、猪血粉、蚕蛹粉等动物性饵料以及谷类、米糠、豆饼、麦麸、菜饼、酱糟等植物性饵料。人工配合饵料配方：小麦粉 50%、豆饼粉 20%、米糠 10%、鱼粉或蚕蛹粉 10%、血粉 7%、酵母粉 3%。投喂前，配合饵料中应加入一定量的水，捏成软块状，然后投入水中的食台上。夏季高温时，应在食台上搭棚遮阳。一般每天投喂 2 次。早晨 6：00—7：00 时投喂 70%；下午 1 时投喂 30%。水温在 15℃时，日投喂量为体重的 2%；水温在 20～25℃时，日投喂量为体重的 7%～8%；水温高于 30℃或低于

10℃以及雷雨天气，应少投或停喂饵料。

养鳅池的水质要求"肥、活、爽"，每升水体中应保持溶解氧 3 毫克以上，pH 值为 7.5 左右。保持池水透明度 15～20 厘米，水色以黄绿色为好。当水温高达 30℃时，或发现水色发黑、水中缺氧，泥鳅常游到水面浮头"吞气"时，要及时加注新水。一般情况下，每星期换水 1～2 次，每次换水 30～40 厘米。水温达 30℃时要经常换水并增加池水深度。水温过低时除增加池水深度外，还需要在池角施入畜粪等有机肥，以提高水温，确保鳅苗生长环境的稳定。另外还要做好防病防逃工作。每天或隔天打扫食台 1 次，定期对食物进行漂白粉消毒（每次用量 125 克）。发现死亡鳅体及水面污物，要及时捞出清除。

二、网箱养殖泥鳅

网箱养鳅具有放养密度大，网箱设置水域选择灵活、单产高、管理方便、捕捞容易等优点，是一种集约化的养殖方式。

网箱分为苗种培育网箱和成鳅养殖网箱。泥鳅种苗培育网箱由聚乙烯机织网片制成，网目大小以泥鳅不能逃出为准，适于设置在池塘、湖泊、河边等浅水处。箱体底部必须着底泥，箱内填 10～15 厘米泥土。箱体面积以 20～25 平方米为宜。高度视养殖水体而定，使网箱上半部高出水面 40 厘米以上。网箱要设箱盖等防逃设施。

● （一）放养 ●

　　苗种网箱放养密度一般每平方米放养 3 万尾，成鳅网箱每平方米放养 2 000 尾。鳅种入箱入池前选用 3% 的食盐水浸泡 15 分钟左右进行消毒。此外根据养殖水体条件适当增减。水质肥、水体交换条件好的水域可多放；反之，则少放。

● （二）放养管理 ●

　　网箱养殖泥鳅以人工投饵为主。投喂的饵料及方法和池塘养殖的方法相同。可投喂蝇蛆、蚯蚓、蚌肉、小杂鱼、动物内脏等下脚料、鱼粉等动物性饵料以及麦麸、米糠、豆渣、饼类等植物性饵料，或人工配合饵料，每天上下午各投 1 次。日投喂量为泥鳅体重的 5% ~ 10%，视水质、天气和鳅苗的摄食情况灵活掌握。当水温在 15℃ 以上时投喂量可逐渐增加，25℃ 左右泥鳅食欲特别旺盛，投饵量要增多。但气温超过 30℃ 或低于 15℃ 及梅雨天可不投饵料。还需要根据水质情况合理施肥。此外，网箱养鳅要勤刷网衣，保持网箱内水体流通，溶解氧丰富，并使足够的浮游生物进入网箱，为泥鳅提供丰富的天然饵料。要经常检查网衣，有漏洞要立即修补好，定期用生石灰对网衣进行消毒，搞好鳅病防治工作。

三、农村庭院养殖泥鳅

● （一）建池 ●

　　地势应朝阳，水源可靠，环境无污染，管理方便，场地要求土质好，池壁挖陡，四周夯实，用三合土护坡，不渗漏。

面积一般为100～200平方米，深度1米，保持水深40～50厘米，池底铺25～30厘米肥泥，以供泥鳅钻潜栖息。为排灌自如，池子需要建有进出水口，同时安装拦网，防止泥鳅逃逸。如铁丝网等。也可利用农家闲散的池沼洼地、水池、坑塘等水质肥、易管理的地方建池养鳅。

● （二）清池消毒、培肥水质 ●

一般每亩用50千克左右生石灰消毒，注入新水，并适当施些粪肥，一般每平方米用畜禽粪2千克、杂草堆肥2千克、米糠50克拌匀，太阳晒干后铺到池底，然后注入新水20厘米深，对培肥水质，繁殖天然饵料。待7天左右药性消失后，即可再次注水，把水体加深到40～50厘米，即可放养鳅种。

● （三）放养鳅种 ●

每平方米池面积放养鳅种3～5厘米规格的30～50尾；有流水条件的可增加放养数量至50～60尾体长3～4厘米的鳅苗。体长3厘米左右的鳅苗大小规格要求基本一致；并可混养少量鲢、鳙、草鱼、鲤、鲫等。

● （四）饲养管理 ●

饲养管理基本同池塘养鳅。入夏后，泥鳅进入生长旺盛时期，池内施用有机肥繁殖的天然饵料不足时，要及时加大动物性饵料的投喂。水温在25℃左右时，动物性饵料要占到50%左右，水温上升到30℃时，动物性饵料要达到70%左右。投喂的动物性饵料一定要新鲜，如果是冷冻的饵料，一定要待其充分化解后，达到池水温度时再投喂。在庭院养殖条件下，由于夏季阳光的暴晒，尤其是洼地水池、坑塘面积小，水温上升快。当水温超过33℃时，泥鳅就会躲在泥中或池底，不吃食、不活动，泥鳅会经常处于这种休眠状态中。所以进入夏季要及时为泥鳅遮阳纳凉，防止泥鳅"夏眠"。遮阳的方法是在鳅池的上方搭建瓜棚。棚架的面积应大于泥鳅池的面积，以四周分别宽出池边1米为宜。棚架的高度应控制在1.6~2米。

一般每3~5天换水1次，换水深度5~10厘米。换水时间以14：00~15：00时为好。如果使用井水，换水时排水要快，注水要慢，以防水温突变引起泥鳅得病。由于换水次数增多，池水容易变瘦。所以，应及时追肥，培肥水质。施肥以化肥为主，粪肥为辅。一般在换水后的次日每0.067公顷施尿素2~3千克，时间在9：00~10：00时。粪肥每半月左右施肥1次，以发酵干鸡粪最好，每次每0.067公顷施肥150~200千克。施肥时将干粪装入破旧麻袋内，分5袋分别放于池子的四角和中央。这样不但能保证肥效持续释放，又防止了污染水体，同时泥鳅还可以钻入麻袋觅食天然食物。此外，平时经常巡池查看泥鳅活动情况、摄食情况，注意鳅病防治。夏季雨水较大，在大雨来临之前，要及时在鳅池四周插上网片，防止鳅池溢水逃鳅。面积较小的鳅池，可用网片直接盖上，四周压牢即可。

四、木箱流水养殖泥鳅

用木箱流水养殖泥鳅，投饵和管理方便。主要有单箱和多箱并联养鳅两种生产方式。

● （一） 养鳅木箱规格 ●

养鳅木箱用杂木做成。为了方便管理，木箱规格不宜太大。大规模养鳅可以多个木箱关联饲养。

一般箱长为 2 ~ 3 米，宽 1.5 米，高 1 米左右。要求箱体内壁光滑。在箱的 2 个宽面开直径为 3 ~ 4 厘米的进出水口各 1 个。进水口设在木箱上部，出水口开设稍低于进水口。进出水口和箱上均要安装网目为 2 毫米左右的金属网，可防止泥鳅随水流通过进出水口外逃。箱底铺垫粪土和碎木屑，最上面放 1 层泥土。注水深度以漫过土层 30 ~ 50 厘米为宜。

● （二） 放养鳅种 ●

养鳅木箱内放养鳅种 3 ~ 5 厘米规格，鳅种放养量为每平方米放 150 ~ 200 尾。将养鳅木箱放在有丰富水源、水流不断、水质活爽、无污染水域中的向阳、水温较高处。木箱的宽面对准水流，流速流量均不宜过大，以微流水为好。如果水流过大过急，不仅会使木箱内的饵料和肥料流失，而且使鳅体消耗量过大，增长缓慢。

● （三） 饲养管理 ●

木箱流水养殖泥鳅的饲养管理方法基本与网箱养鳅相仿。在饲养过程中因用流水养鳅，保肥能力差，需要根据水体饵料生物丰歉变化及鳅苗摄食情况及时投喂精饵料和配合饵料。在水温适宜时 1 日投饵 3 次，分早、中、晚进行。水温低时 1 日投饵 2 次。每隔 10 ~ 15 天将箱内的下层泥土搅拌 1 次。保持水质清新，经常巡查箱内泥鳅的活动情况和摄食情况。夏季水温高，木箱养鳅密度大，泥鳅会躲在泥土中或箱底不吃食、少活动或不活动，处于休眠状态或缺氧浮头，必须及时在箱上搭棚遮阳纳凉，加大流水进出箱的量和速度，必要时开动增氧机增氧。尤其是暴风雨来临前要用木桩固定养鳅箱，并做好防汛和防洪工作，防止木箱溢水。鳅苗经过6个月左右饲养增重6~10倍，可达到成鳅上市规格。单养木箱1次可产鳅10千克左右。

五、稻田养殖泥鳅

　　稻田养殖泥鳅后，泥鳅能吃掉水稻田里多种害虫，有助于消灭稻田的杂草及一些水生植物，可以减少农药污染，泥鳅粪可以肥田，减少施肥，降低生产成本，也能增加谷物产量，还可培肥田中水质，繁殖浮游生物供泥鳅苗作饵料。同时泥鳅还能翻松表层泥土，促进水稻根系发育而增产。

●（一）稻田的选择与设施●

　　养泥鳅的稻田一般要求保水性能好，渗漏速度慢。插秧前稻田水深保持20厘米以上。稻田的面积宜小不宜大，选择低洼田、塘田、岔沟田为宜。水源清新、无污染，水量充足，以中性和稍偏酸性为宜，水色呈褐绿色，透明度为15~20厘米。如果水中溶氧量低于0.46毫克/升时泥鳅就会出现死亡，因此要选择换排水方便、光照充足、降雨时不溢水的水田。土质以弱碱性、少泥沙质的黏性土壤，高度熟化、肥力较高的壤土为宜。

　　养殖泥鳅的稻田的田埂要加固、加高出田面60厘米左右，并要捶紧夯实，可用农膜插入泥中10厘米围护田埂，以防漏洞、裂缝、漏水、塌陷，同时进、出水口处要安装栏用塑料网，防止泥鳅逃失。

稻田先开挖鱼沟、池，是为了水稻浅灌和泥鳅有个活动安全的躲避场所。鱼沟一般设"十"字形沟，在稻田中央占稻田面积的 10% 左右，沟深 60 厘米、宽 90 厘米为宜。鱼沟渠道要与进、出水口保持畅通。也可在靠近排水口处，挖 1 个 6～7 平方米、深 50～60 厘米的鱼坑，以作为夏季水温高时或田干的栖息地，也便于起捕成鳅。

● （二） 稻田养鳅前的准备 ●

1. 施肥

养殖泥鳅的稻田在插秧前每亩施有机肥 300 千克，如猪粪、栏肥、人粪即可，主要施入鱼沟内。以后根据稻、鳅生长情况补施些速效化肥，田内尽量少施碳酸氢铵或氨水，以亩施 10 千克尿素为宜，稻、鳅都能高产。

2. 早稻栽培

在立夏前 15 天左右，将泥鳅田里的杂草用手扯净，不能用犁、耙工作，只用脚踩平，然后插秧，行距约 25 厘米。

● （三） 泥鳅的稻田放养 ●

1. 放养时间和密度

泥鳅一般在水稻早中稻插秧后 10 天开始放养。苗种放养规格以 3～4 厘米为宜，每亩放养 2.5 万尾左右。

2. 投喂饵料和管理

稻田中天然饵料丰富，泥鳅可捕获昆虫幼虫、水蚤、水生动物、蚯蚓及藻类。水田养殖泥鳅如放养量不大，可不投饵，若放养量较大，需要投入少量饵料。投饵应做到定时、定位，一般1天投喂饵料1~2次，即上午和傍晚各1次，直接投放在饵料台上。饵料以谷糠、麦麸、油饼粉及鱼类专用饵料等为宜，可搭配些青饵料。日投食量一般为泥鳅体总质量的4%~5%。稻田水位应根据水稻生产需要适时调节。水田施肥最好做到少量、多次。放养泥鳅稻田因泥鳅能吃掉大量害虫，一般不需使用农药和除虫剂，以防毒杀泥鳅。水稻病害严重必须施农药时，应注意选择低毒、高效、残留期短的农药，如晶体敌百虫、杀虫双等农药，并且先加深水位，以稀释农药浓度。粉剂农药宜在早上有露水时施用，水剂农药要尽量适时适量在叶面喷施。并采取分批分片施药的方法，喷洒农药前应把泥鳅诱赶到鱼沟内，待毒性消失后才能放回大田饲养，以防药害泥鳅。

六、莲藕田种植荸荠套养泥鳅、冬种油菜

利用水田春种莲藕，秋植荸荠套养泥鳅，冬栽油菜，采用1年4熟栽培的生态种养生产模式，可以促进莲藕、荸荠、泥鳅和油菜提高产量，增加综合效益。

●（一）田块选择与设施●

套养泥鳅的莲藕田应选择水源充足、水质良好、无污染，排灌方便。阳光充足、保水性强，起到保肥、保水的作用的田块，沿田埂四周挖好养泥鳅沟，沟宽、深各1米左右。田埂加高至0.8米，夯实，在田块两端的适当位置分别安装好进水口和出水口，水管靠近田块的一端要用40目纱网设置好

栅栏，用于滤水和防止泥鳅逃跑。

●（二）生态种养●

3 月中旬利用冬闲田培育莲藕种苗，每亩大田用种量 180 千克左右，4 月中旬清明节后莲藕栽植，栽培品种为"长三节""小粗脖子"，普通田于 4 月栽植，亩用种 175 千克左右。8 月上旬收藕让茬，粗整后即移栽荸荠，株距 50 厘米，行距 80 厘米，亩植 1 800 株左右。泥鳅生长水温 15~30℃，25~27℃摄食最旺盛，15℃以下和 30℃以上摄食减少。移栽荸荠同时套养规格为体长 3~5 厘米的泥鳅苗约 40 千克。11 月底翻泥收获荸荠，将泥鳅诱至沟内囤养至元旦、春节上市。随后整地做畦移栽油菜，畦宽不超过 3 米，行距 40 厘米，株距 20 厘米。油菜移栽前必须提前 30 天育苗。4 月上旬收获油菜。

●（三）施肥●

莲藕田要求施足基肥并视苗情长势适时适量追肥。收藕后结合粗整田，每亩施腐熟猪牛粪等农家肥 1 500 千克、尿素 20 千克、复合肥 30 千克作荸荠基肥。立秋后亩施草木灰 150 千克，以利荸荠形成球茎。白露前追施球茎膨大肥，亩施尿素 10 千克。油菜一般不需要施基肥。

●（四）调控水质●

莲藕生长期田间水分先由浅到深，再由深到浅。荸荠田套养泥鳅后，从 8 月中下旬开始每隔 10 天左右换水 1 次，每次换水 10 厘米，保持田面水深 15 厘米左右。天气转凉后逐渐降低水位，9 月中旬至 10 月底，保持水深 7~10 厘米。11

月上旬开始逐渐排水，保持田间湿润即可。

● （五）泥鳅饲养管理●

　　泥鳅苗投放后，投喂以米糠、玉米粉等植物性为主的饵料和经过发酵腐熟的猪、牛、鸡、人粪等农家肥料。日投饵量，在水温25～27℃食欲旺盛时，为全田泥鳅体重的10%；在水温15～24℃时，为全田泥鳅体重的4%～8%。水温下降后，饵料应以蚕蛹粉、猪血粉等动物性饵料为主，要求当天投喂当天吃完。水温低于5℃或高于30℃时，应少喂甚至停喂饵料。

● （六）病虫防治●

　　田间杂草用人工拔除，不要使用除草剂。8月底至10月底，做好泥鳅病害防治工作。一般每隔15天亩用食盐4千克化水后全田泼洒1次，改良水质；每隔10天左右，亩用强氯精70克或漂白粉100克，或用生石灰15千克化水全田泼洒消毒1次，交替使用效果更佳。同时用土霉素捣碎成粉拌匀于饵料中投喂，防止病虫对泥鳅的危害。莲藕、荸荠的病虫害防治，一定要使用对泥鳅无害的高效低毒农药。如莲藕发生枯萎病、叶斑病、褐斑病，用高效低毒农药，农用链霉素＋多菌灵＋百菌清进行防治，严格按照说明用量施用，施药前加深田水10厘米，应在下午无露时采用喷雾法施药。

第三篇
黄鳝、泥鳅生态混养技术

第四章　黄鳝、泥鳅生态混养技术

第一节　池塘混养黄鳝、泥鳅

　　黄鳝、泥鳅池塘混养不仅能充分利用水体，而且在养殖黄鳝池中配养泥鳅，两者之间共生互利，泥鳅好动，其上下游动可改善鳝池水体的通气条件，提高溶氧量。配养泥鳅可以防止黄鳝密度过大而引起混穴和相互缠绕现象。黄鳝相互缠绕成团，使团内温度过高而易发生发烧病，配养泥鳅后可有效控制该病的发生。此外泥鳅与鳝鱼混养二者不争食，但泥鳅可以吃掉黄鳝残饵，有效地提高了饵料的利用率，同时还能使其水质保持"肥、活、嫩、爽"，从而增加单位面积鱼种池的产值，可以提高经济效益和生态效益。

一、鳝池的建造

　　鳝、鳅地点宜选择地势稍高的向阳背风处，要求水源充足，水质良好，无农药污染，可进水、排水，日常管理方便。混养池的面积20～100平方米，形状因地制宜，长方形、圆形、方形均可。如果采用水泥池，池壁用砖砌，并用水泥勾缝抹面，池底同样用砖铺好后，水泥抹面。在池底、池壁上面铺设一层无结节网，网口高出池30～40厘米并向内倾斜，用木桩固定，以防逃逸。如果拟建鳝池的四周均是旱地，土质又较坚硬，可建造土池（又称泥池），建造的方法是先根据养殖的规模和要求挖地，挖 20~40 厘米，挖好后再将池底夯实。用挖出来的土在周围作埂，埂宽 1 米，高 40~60 厘米，埂要层层夯实。池底铺一层油毡，再在池底、池壁上面铺设塑料薄膜。

无论是水泥池还是土池，池深 0.7~1 米，都要在上端设一进水口，在其相对一面离池底 35 厘米处设一排水口，进、排水口用尼龙网布制作拦鱼网栅，以防黄鳝、泥鳅外逃。池底铺上一层 20~30 厘米厚的有机质较多的肥泥，有利于黄鳝和泥鳅挖洞穴居，并可适当种植一些水生植物，如水浮莲、浮萍、慈姑等，以利黄鳝隐蔽栖息，同时要在低于水面 5 厘米安装好饵料台，饵料台用木板或塑料板制成。

二、鳝、鳅苗放养前准备

鳝、鳅苗放养前要清整鳝池，一般于冬季排干池水，清除多余的淤泥暴晒池底。放苗前 15~20 天，注入部分水（土池 10 厘米，水泥池 5 厘米），选择晴天，每平方水用 150 壳生石灰浆全池泼洒，彻底消毒。若用水泥池养鳝、鳅苗前一定要进行脱碱处理，才能放养黄鳝苗和泥鳅苗。当 7 天药效过后，池中铺洒一层发酵过的肥料，3~5 天后排干池水注入新水，开始放苗。

三、鳝、鳅种苗的选择与放养

池塘混养黄鳝、泥鳅必须选好种苗。黄鳝种苗应选体质健壮、体表无伤、体色深黄并夹有黑褐色斑点的为佳，最好用人工培育驯化的深黄大斑鳝或金黄小斑鳝品种，不能用杂色鳝苗和没有通过驯化的鳝苗。黄鳝苗大小以每千克50～80条为宜。泥鳅苗应选择个体大、体质健壮。

黄鳝生长最适水温23～25℃，泥鳅生长水温15～30℃，25～27℃摄食最旺，宜放养密度以每平方米放鳝苗1～1.5千克。黄鳝放养20天后再按1：10的比例投放泥鳅苗，放养泥鳅苗选用人工培育的鳅苗成活率高。

四、饲养管理

●（一）投饵●

投放黄鳝种苗，前3～6天不要投喂，让黄鳝适应环境，从每4～7天开始投喂饵料，每天19：00左右投喂。黄鳝、泥鳅生长期为11个月，其中，旺季为5—9月。黄鳝采食量最高，且对饵料的选择性较严格，一旦吃惯某些饵后则不易改变，因此天然黄鳝苗在池塘里人工培育初期必须经过短期驯养，使其分散摄食转变为集中到食台摄食，由夜摄食转变为白天摄食，由摄食天然饵料转变为摄食人工配合饵料，并驯服成定时定量的习惯。人工饲养黄鳝以配合饵料为主，适当投喂些蚯蚓、蚌螺肉、黄粉虫等。人工驯化的黄鳝、鳝种初放时不吃人工投喂饵料，需要进行驯饲。驯饲的方法是：鳝种放养后 2~3 天不投饵，在晚上进行。引食饵料投喂蚯蚓、蚌螺肉等，将饵料切碎，分成几个小堆放在进水口一边，并适当加大流水量。第 1 次的投饵量为鳝种总质量的 1%~2%，以后逐渐增加到体重的 3%~5%。如果当天的饵料未吃完，要将残饵捞出，第 2 天再增加投饵量。等到吃食正常后，可在引食饵料中掺入蚕蛹、蝇蛆、煮熟的动物内脏和血、鱼粉、豆饼、菜饼、麸皮、米糠、瓜皮等饲喂，第 1 次可加1/5,同时减少 1/5 的引食饵料，如吃食正常，以后每天增加1/5,5 天后可取消引食饵科。配合饵料可采用黄鳝全价饵料，也可自配饵料，其配方为：鱼粉21%、饼粕类19%、能量饵料37%、干蚯蚓12%、矿物质1%、酵母5%、多种维生素2%、胶黏剂3%。采用人工培育的深黄大斑鳝种苗，用此配合饵料投喂，投喂量按黄鳝体重的3%~5%。每天投喂 1~2 次（按天气和水温而定），采用定时、定量的原则。泥鳅在池塘里主要以黄鳝排出的粪便和吃不完的黄鳝饵料为食，泥鳅自然繁殖快，池塘泥鳅比例大于1/10 时，每天投喂 1 次麦麸即可。

● （二）调控水质 ●

　　饲养鳝、鳅投饵要注意水质的变化，应经常注水。对于刚下池的鳅苗，摄食量少，池水不宜太深，一般保持在30~40厘米，浅水容易提高水温，肥效快，有利于浮游生物的繁殖和鳅苗的生长。随着鳅体的长大摄食量增大，投饵量也加多，水质转肥以后需要每隔数天注换新水，增加池水中的溶解氧量，以改良水质。注水时应根据水质肥瘦来适当调节，根据水色的变化换水，应保持池水呈黄绿色，池水变成黑褐色即要灌注新水。此外，若水肥或天气干旱，炎热时可勤灌、多灌水；水瘦时或阴雨天可少灌水。一般在鳅苗下池后每隔5～7天灌1次，每次灌水约5厘米深，到鳅苗种出池前分次加至50～60厘米为止。灌水要在投饵前或投饵1～2小时后进行，而且每次灌水时间不宜过长，以免鳅苗长时间顶水而影响体质。

● （三）日常管理●

黄鳝、泥鳅饲养期间应加强饲养管理。保持池水水质清新，酸碱度pH值为5.6～7.5，水位适合。要勤巡池，发现问题及时采取相应措施处理。饲养一段时间后，同池的鳝如出现大小不匀时，要及时将大小黄鳝分开饲养，以便生长一致，防止大鳝吃小鳝现象发生。

五、鳝、鳅病害防治

鳝苗放养必须加强鳝病的预防工作，在鳝放养前7～10天，用生石灰清池消毒。入塘前鳝苗用3%的食盐水浸泡5～10分钟，生长期间，每15天向田沟中泼洒石灰水，每亩用量15千克左右，或0.5千克漂白粉。苗种运输、放养和管理中，尽量小心操作，避免鳝体受伤。不投喂霉烂变质的饵料。保持养殖池的水质清新，尤其是高温期更应重视鳝病预防工作。发现病鳝、死鳝应立即捞起另养治疗和清除。在黄鳝养殖池里套养泥鳅，还可以减少黄鳝疾病。泥鳅一般不生病，在夏季主要是发生细菌性疾病。因只要加强管理该病可以预防。若发现病鳅，应及时捞起单养治疗，并及时清除死鳅，同时经常巡塘注意清除混养池塘中蛇、青蛙等天敌动物。

第二节　稻田混养黄鳝、泥鳅

　　利用稻田养殖黄鳝、泥鳅是一种种养结合的生态养殖生产模式，稻、鳝、鳅种养共生互利，可以充分利用稻田水域资源，为黄鳝、泥鳅提供水生生物饵料和蔽荫的养殖场所，又可利用鳝、鳅在泥土中钻洞、穿行，翻动泥土，使土疏松，促进肥料分解，鳝、鳅粪便为水稻增肥，促进水稻的生长。同时鳝、鳅在田水中捕食水稻害虫、可为水稻稻田除虫，有利于水稻增产，从而提高稻田种稻、养鱼的经济效益和生态效益。

一、混养鳝、鳅稻田的选择与设施

　　黄鳝、泥鳅混养的稻田应选择靠近无污染的水源，水质良好，进、排水方便的肥泥田。因为这类肥田鳝、鳅的食饵丰富，生长条件好。也可用现有的稻田改建防逃设施，面积大小不限，通常以 1 亩为宜。

　　稻田四周建造防逃设施，一般用石棉板或用砖砌 80~100 厘米（埋入土层 30 厘米）的防逃墙，并用水泥勾缝，但造价高，且拆除不便，只适用于小面积稻田养殖用。若规划较大面积，可用宽幅 120~150 厘米的聚乙烯网片（40~60 目）构筑 80~100 厘米（埋入土层 30 厘米）的防逃网，效果也很好。稻田进排水口均需用铁丝网或尼龙网拦挡，防止鳝、鳅苗逃逸和天敌生物入田侵害。

混养田间工程一般是在田的四周开挖"田"字或"口"字形水沟，沟宽2～3米、深0.8～1.2米，沟土用于加宽田埂0.6～0.8米，并夯实。再在田中开挖若干椭圆形或"井"字形的小水沟，沟宽0.5米、深0.6米，以供鳝、鳅栖息。沟的开挖面积占稻田总面积的10%～15%。要求田中的沟与沟相通。为了便于分级放养和管理鳝、鳅苗，可用小埂将稻田分割成若干小块。此外，由于稻田中水位较浅，受日光照射和气温的影响，水温的变化幅度大，尤其是盛夏季节的烈日暴晒，稻田的水温高达39～40℃，极大影响了鳝、鳅苗的正常生长，甚至导致死亡。因此，要在田埂上搭设遮阳棚，或在池埂上种植藤瓜、豆类等植物，既能供鳝、鳅苗避暑降温，又可提高稻田的综合利用效益。

二、稻田混养前的准备

●（一）稻田沟、溜消毒●

鳝、鳅混养稻田在鳝、鳅种苗放养前，需对沟、溜每1平方米水面用生石灰200克进行消毒处理，以杀灭有害病菌，7～10天后放养鳝、鳅种苗。

●（二）水稻栽植与施肥●

水稻栽植前，稻田需施足基肥，宜用肥效长的畜禽厩肥、饼肥等有机肥料。一般1亩施畜禽粪肥300～400千克，新挖的田块可在进水后亩施茶粕20千克。稻田栽植的水稻应选用耐肥力强、抗病、抗倒伏、单产水平高的品种。6月中旬适时栽植水稻，采取宽行窄距，东西行和田埂内侧、沟旁的栽插要密植，发挥田边优势，每亩 1.5 万株左右为宜。

三、鳝、鳅种苗的选择与放养

　　黄鳝、泥鳅种苗可采用设篓诱捕野生的天然苗，或人工繁育的人工育苗。如从外地进种，运输时间越短越好，以保证苗种成活率。放养时，要选放体质健壮、无病、无伤、规格大小基本一致的个体，以免互相残食，如鳝、鳅大小不一致，要分田块放养。黄鳝生长最适水温 23～25℃，泥鳅生长水温 15～30℃，稻田混养鳝、鳅放养时间一般在秧苗移植后 10 天左右进行，也可提前在稻田翻耕结束后至插秧前进行。泥鳅种苗的放养可分次投放，鳝种和鳅种的放养比例为（1：4）～（1：3）。放养密度以亩放种苗 100 千克左右为宜，如稻田生态环境好，稻田混养鳝、鳅以外，还可以适当套放少量银鲫和鲤鱼、夏花。或适当增加投放量，鳝、鳅种苗入田前需用 3%～5% 食盐水浸浴 5～10 分钟，并挑出受伤或体弱种苗单独暂养后再投放，这样可以有效预防体表疾病的发生。

四、鳝、鳅稻田混养管理

● （一）调控水质 ●
　　稻田水域是水稻和混养鳝、鳅的共生的场所。由于稻田水较浅，高温下有机肥和残饵腐烂发臭影响水质，因此要求稻田的水质清新无污染。要求经常保持肥而不瘦、爽而不老、活而不死，具有高溶氧和丰富的浮游生物，以便鳝、鳅鱼加快生长。田水的水质管理主要根据水稻的生长需要，并兼顾鳝、鳅的生活习性，采取前期稻田保持浅水位，稻田水深保持 6～10 厘米，至水稻拔节孕穗之前，轻微晒田 1 次。夏季高温保持水深 20～30 厘米，后期 10 月份水温降低时露田。晒田期间鱼沟、鱼溜中水深应保持 15～20 厘米。在养殖期间要定时换水，过浅要加注新水，调节水质。一般 3—5 月和 10 月以后，每周换 1 次水；6—9 月每 2～3 天换 1 次水，还可以起到降温作用。

●（二）投饵●

鳝、鳅属于杂食性鱼类，非常爱吃动物性饵料，食量虽不大，但为了缩短生产期，提高其产量，仅靠吞食稻田里的昆虫和田中的天然饵料是不够的，必须补喂饵料。以投喂蚯蚓、小杂鱼、动物内脏、蚕蛹、猪血粉和瓜果皮等为主，适当搭配一些麦麸、米糠、饼粕、鱼粉、豆渣等。如连喂 1 周单一的高蛋白饵料，会导致泥鳅在稻田某一处群集，而引起肠呼吸次数急增，由于肠吸入的空气无法排出体外，导致泥鳅浮出水面，还会相互摩擦受伤感染病害，造成死亡。投饵一般在放养鳝、鳅种苗后 2～3 天进行。投喂时将大块的饵料切碎，定时放在某一固定位置的投饵台上，养成鳝、鳅鱼进台摄食的习性。投食应根据鳝、鳅鱼昼伏夜出的觅食生活习性，投饵宜在 16：00～18：00 时进行，一般每日投饵 1 次。投饵的量要随其生长情况和生殖期适时调整，一般控制在田内鳝、鳅总体重的 5%～8%。干饵投量为鳝、鳅总体重的 3%～4%。在适宜水温 10～35℃时，鳝、鳅生长盛期和其生殖期食量最大，可适当增加饵料，但饵料不宜投喂过多，防止鳝、鳅贪食而胀死。在阴天、闷热天，雷雨前后或水温高于35℃时，鳝、鳅的食量减少，残饵在高温下容易腐败而影响水质。当11月下旬水温降到10℃以下，应停止投饵。

● （三）鳝、鳅与水稻的日常管理 ●

稻田混养鳝、鳅种苗的日常管理应坚持巡田，检查稻田的水质变化情况。当发现水色变黑、过浓或水温超过30℃时应及时加注新水，以调节和改善水温和水质，增加水中的溶氧。田水深度应保持在6厘米左右，要求做到春秋浅灌、盛夏深灌。

水稻生长过程需要追施肥料。追肥应以无机肥料为主，一般每次施尿素4~5千克/亩或硫酸铵7.5~10千克/亩，磷肥2~3千克/亩。为了预防鳝、鳅病害，定期外用消毒杀菌和杀虫等药物，如土霉素或用大蒜素等。严禁使用毒杀酚、五氯酚钠、呋喃丹等剧毒农药。水稻发生病虫害要用生物防治法防治，必须施用农药时，需用高效低毒农药，并严格控制用量。用药前首先把鳝、鳅诱至沟、溜内安全水域，然后喷药至稻叶上，喷嘴应向上，尽量减少药剂落入水中，用药后还要及时换水。此外，巡田时应注意检查田埂及排、灌水口的防逃设施，如有损坏应及时修复，防止鳝、鳅种苗逃逸或天敌动物侵入田内危害。同时还应经常下田检查观察鳝、鳅种苗的摄食动态和生长发育情况，发现有病鱼应及时施药防治。一般用磺胺噻唑0.5克与饵料掺拌投喂，每天1次，连喂5~7天。

五、鳝、鳅、水稻病害防治

稻田混养黄鳝、泥鳅病害防治方法分别见第三章、第五节稻田养黄鳝和第六节稻田养泥鳅两节中的有关黄鳝和泥鳅病害防治内容。

第三节　稻田混养鳝、鳅、牛蛙

稻田综合混养鳝、鳅、蛙等特种水产动物生态养殖和水稻种植结合的生态生产新模式。既能充分利用水体的物质循环，又能利用鱼、蛙吃掉稻田中多种害虫，同时鱼、蛙游动觅食时翻动泥土，使田土疏松，促进肥料分解，鱼、蛙的粪便直接肥田使稻谷增产。因此，稻田混养鳝、鳅、蛙生态种养生产方式投资少、见效快，可以收到理想的经济效益和生态效益。

一、稻田的选择与设施

混养黄鳝、泥鳅和食用蛙的稻田应选择靠近水源、水质良好无污染、排灌方便、保水力强、天旱不干、丘陵山区暴雨洪水不淹的稻田，适宜混养多种水产经济动物。如果是清澈低温的山溪水、冷泉水或常发生旱涝或水源有毒物的稻田，不宜用于混养水产动物。

混养鳝、鳅、牛蛙的稻田一般以不超过10亩为宜，按前面讲述的要求将田埂加宽到0.6～0.8米，加固四周田埂。每块稻田沿田埂内侧开挖一条"口"字形水沟，或"田"字形水沟，沟宽 2 ~ 3 米、深 0.8 ~ 1.2 米，并在田块中开挖若干椭圆形或"井"字形的小水沟，沟宽 0.5 米、深 0.6 米。混养动物的栖息和摄食的沟系开挖面积占稻田总面积的 10% ~ 15%，且使沟与沟相通，将一块稻田分成若干小块，便于分别放养与管理。此外，稻田的四周设置围网等防逃设施。围网选用 80 ~ 120 目的塑料网片，每隔 1 米用 1 根木桩固定，高需达 1 ~ 1.2 米。此外，稻田进、排水口均需用铁丝网或尼龙网拦挡，以防鳝、鳅、牛蛙随水流逃逸。

二、稻田混养前的准备

●（一）稻田沟、溜消毒●

在鳝、鳅、牛蛙种苗投放前，需对鱼沟、溜进行消毒处理，每平方米水面用生石灰 200 克，以杀灭有害生物，7 ~ 10 天后放养鳝、鳅、牛蛙种苗。

●（二）水稻栽植与施肥●

稻田养殖鳝、鳅、牛蛙，田块宜选用耐肥力强、不易倒伏、抗病力强的高产单季稻品种。水稻栽植前，混养鳝、鳅、牛蛙的稻田要施足有机肥、饼肥等基肥，一般亩施畜禽厩肥 300 ~ 400 千克。6 月上旬，可适时栽植水稻，栽插时应以宽行窄距、东西行密植为主。

三、鳝、鳅、蛙种苗放养

投放的鳝、鳅、牛蛙的种苗要求体质健壮、规格整齐，大小规格不同的种苗应分田饲养，切勿大小规格放在同一个稻田混养。鳝、鳅、牛蛙种苗放养时间，宜在早春，稻田翻耕结束后至插秧前进行。早春的鳝、鳅、牛蛙种越冬后不久，体内需要摄取大量营养，食量大且食性杂，易驯化，同时早春放养其生长期长，产量也高。一般每亩投放每千克 50～60条的鳝苗种 10～25 千克，泥鳅苗种每亩投放 10 千克（每尾15 克左右），牛蛙等食用蛙水温 20～30℃摄食最旺，每亩投放 7～10 厘米规格的大蝌蚪 1 000～1 500尾。

■ 四、鳝、鳅、蛙饲养管理

●（一）调控水质●

稻田混养鳝、鳅、牛蛙种苗要求水田内的水前期以水稻需要为主，中后期兼顾鳝、鳅、牛蛙需要。即早期稻田保持浅水位，水深 10 厘米左右，过浅要及时加水，夏季水温高，要求水深 20～30 厘米，到后期 10 月份水温降低露田。养殖期间水质过肥，要定期换水和加水调节水质。

●（二）投饵●

鳝、鳅和牛蛙的食性都是偏食动物性饵料，主要在夜晚摄食。人工投喂饵料可用活体蚯蚓、小杂鱼虾、切碎的动物内脏、牛蛙的配合饵料等。夏季夜晚间可在田沟、溜上方15～20 厘米处悬挂一黑光灯诱虫供其捕食。每次投饵应坚持定时、定点、定质、定量，饵料投放在饵料台上，饵料台固定在小水池里，饵料台表面在水面下 3～5 厘米。每次投饵量的根据是：种苗放养前期稻田天然饵料相对较多，可以少投饵或不投饵，中后期随鳝、鳅、牛蛙体的长大，摄食增加，投饵量也随之增加。投喂饵料以 4～6 小时吃完为宜。投喂时间以 10：00 和 16：00，1 日 2 次为宜。

● （三）日常管理 ●

　　水稻生长期中需要加强田间管理。在追施无机肥时一般每次施尿素 5～10 千克/亩、磷肥 2～3 千克/亩。同时要求经常下田检查观察鳝、鳅、牛蛙的摄食和生长情况，及时调剂饵料，并预防疾病发生。如水稻发生病虫害，尽量采取生物防治，如水稻病虫害严重需用农药时，要用高效低毒农药喷雾在稻叶上，切勿撒在沟溜中。为了防止鳝、鳅、牛蛙中毒，施药前先把鳝、鳅、牛蛙诱至沟池中的安全水域。在日常管理中，每天巡田检查防逃设施有无破损，若发现围网破损，应及时修理。大风、暴雨天气，更要检查田埂，发现问题及时解决，防止鳝、鳅、牛蛙逃逸。同时应注意杀灭水蛇、田鼠等鳝、鳅、蛙的天敌动物。

五、鱼、稻病虫害防治

　　鱼病防治主要采取定期使用生石灰等药物消毒，能达到较好的防治效果。鳝、鳅、牛蛙病害防治方法分别见第三章、第五节稻田养黄鳝、第六节稻田养泥鳅和第七节稻田养牛蛙病虫害防治的有关内容。

六、鳝、鳅、蛙的捕捞

　　稻田混养鳝、鳅、蛙的捕捞方法分别见第三章、第五节稻田养黄鳝、第六节稻田养泥鳅和第七节稻田养牛蛙中有关捕捞方法的内容。

第五章 **黄鳝、泥鳅病害防治**

第一节　黄鳝、泥鳅病害的发生与预防

　　黄鳝、泥鳅常年生活在环境因素复杂的水体中，经常受到病毒、细菌及寄生虫等病原体的侵害。引起鳝、鳅疾病的原因很多，归纳起来主要是机体与外界两方面相互作用的结果。鳝、鳅在人工饲养过程中，遇到水温激变、溶解氧不足，水体酸性过重，饲养管理不善，如食料不足，营养不良，或投喂了腐烂变质的饵料，水质恶化等使其生理状况紊乱，体质衰弱，抵抗力差，直接影响生长速度，严重者会引起大批死亡。也有的由于放养密度过大，或人为操作粗放使鳝、鳅体受伤等，病原体乘虚而侵入鳝、鳅身体。

　　人工饲养黄鳝、泥鳅应本着无病早防、有病早治、防重于治的原则。做好事防病工作，主要要有专人负责对养殖池的管理。鳝、鳅种苗放养前要对黄鳝、泥鳅进行消毒，通常用 8～10 毫克/千克高锰酸钾和 2%～3% 食盐水等药物进行鳝、鳅体消毒，每平方米养殖池用 50～100 克生石灰水全池泼洒，待 5～7 天后，药力消失时再投放黄鳝、泥鳅种苗，养殖密度适当，饵料营养全面，及时捞除残饵。在养殖过程中，应加强巡池检查，要认真观察水质变化，加强水质和水温的管理。保持水质、底质良好，勿使换水水温差别过大，防止水温过高，改善水体环境。检查时如发现在池水体中的黄鳝、泥鳅活动迟缓，有不安的表现时应捞出水面观察，做好记录，对已经发病的黄鳝、泥鳅要用漂白粉10克溶解在5千克水中，泼洒消毒，做好生病黄鳝、泥鳅的隔离防治，杜绝黄鳝、泥鳅疾病的发生和蔓延。若有病死鳝、鳅，应挖坑深埋，切勿乱丢，以防疫病传播和蔓延。同时要注意清除天敌动鼠、鸟、蛇及猫等对黄鳝、泥鳅的侵害。

第二节 鳝、鳅疾病的诊断和投药方法

一、诊断方法

正确的检查和诊断疾病，能做到对症下药，并取得应有的治疗效果。黄鳝、泥鳅疾病基本检查诊断主要是通过看鳝、鳅表现、检查体表、排泄物和一些器官判断。通常用肉眼能鉴别鳝、鳅疾病，其症状都是患病鳝、鳅体表和活动所表现出的各种各样的病状。虽然有许多病状表现有些相同，但一般说来，每一种疾病都有它本身所特有的征状。看体表。患病鳝、鳅身体表面分泌的黏液多，体表色泽减退而不鲜艳，多转变成暗黑色。压肌肉。患病鳝、鳅肌肉缺少弹力，如用手压之即起凹陷，手放松后不能立即复原。看肛门。患病鳝、鳅肛门红肿，并流出稀液。观察运动。患病鳝、鳅个体离群，单独游动，行动迟缓，或者较长时间不游动，也有在水中乱窜、打转甚至横卧水中。

通过检查观察，根据体表各种表现和特有病状，并通过对发病水体和周围环境条件的了解以及对病原体的检查，将多种因素联系起来加以分析，就可以对病症做出确切的判断。各种鳝、鳅病的常见病状下一节再详细叙述，在此不一一叙述。

二、鳝、鳅疾病常用药物用法与给药方法

本书所提到的治疗鳝、鳅疾病所用西药理化性质各有不同，例如易溶于水的药物高锰酸钾、磺胺噻唑、金霉素、敌百虫、漂白粉、孔雀石绿等；稍溶于水的药物，如磺胺药物；潮解性的药物如硫酸铜（又名胆矾）和青霉素等。此外，各种药物理化性质不同，例如，漂白粉在空气中有效氯易分解失效，所以不宜用铁器盛装；金霉素遇光易变质，在碱液中易失效，不宜用金属容器盛装；青霉素遇重金属或氧化物易分解变质；敌百虫为常用高效低毒有机磷杀虫剂，在酸性条件下不稳定，遇碱性药力增强，用于治疗鳝、鳅疾病，多用90%晶体敌百虫和2.5%粉剂敌百虫，但要控制用量，防止中毒。鳝、鳅患病时应避免用药过多引起鳝、鳅死亡；用药过少达不到治疗的效果和目的。因此，投药时必须通过测量池水容量后，根据所施放药物的浓度，准确计算出药量后再施放，这样才能达到治疗鳝、鳅疾病的目的。

一般施量剂量用以下公式计算：

用药量＝池塘水体积（立方米）×需用药物的浓度

施用药物时，还应了解养殖池塘水体的水质肥瘦、洁净

与污染情况。一般地说，水肥的鳝、鳅养殖池塘用药的功效较差，可以通过试验适当增加用药量。施放外用药必须根据养殖鳝、鳅池塘面积和水深情况以及池塘水的体积。内服药物必须根据养殖池塘水中养殖鱼鳝、鳅的体重或尾数计算出用药量。这样既安全又能有效地发挥药物的作用。此外，施药时还必须注意以下几点。

1. 施药应做到现配现用

两种药物混合使用时，应先分别溶化，然后再混合加水稀释。施用时全池泼洒的，施药要从上风方向向下风方向泼洒，增加均匀度，施药时间要避开阳光直射的中午，宜在傍晚进行。泼洒药物时，不能同时投放饵料，最好先喂食后施药，药物要充分溶解后才能全池泼洒，并要求施药后 24 小时内有人看塘，如发现有异常现象，及时兑换新水抢救。

2. 鳝、鳅池塘

平均水深不到 1 米，水温 30℃ 以上，防止鳝、鳅患病药物不可全池泼洒，否则容易引起鳝、鳅死亡。因为在化学反应中，温度每上升 1℃，药物反应速度加快 1 倍，每上升 10℃，药物毒性会增加 2 ~ 3 倍。

3. 鳝、鳅在浮头和浮头刚结束时

不应全池泼洒施药，否则会引起鳝、鳅种苗死亡。

4. 用药后 4 ~ 6 天以内注意观察患病鳝、鳅活动恢复情况，检查药物疗效

应用药剂清塘的方法及其效果。

（1）生石灰消毒　用生石灰清塘的方法分为干塘清塘、带水清塘两种方法。干塘清塘选在晴天进行，塘中留有 7 ~ 9

厘米的水，使泼入的生石灰浆能分布均匀。生石灰的用量是每公顷约750千克左右。泼洒前先在塘底的不同位置挖若干个小潭，再将生石灰撒入水潭中让其溶化，不等冷却即可向四周泼洒，以能泼洒全池为限。次日上午用长柄泥耙将塘底淤泥和石灰浆调和一下，以加强清塘消毒作用。另一种带水清塘消毒法是用在排灌水田困难的养殖池塘，生石灰用量为每公顷平均水深1米用1800~2250千克。泼洒方法是将生石灰装进箩筐中悬于船边，沉入水中，待其吸水溶化后，缓划小船，并不断摇摆盛装生石灰的箩筐使石灰浆撒入水中。次日再用泥耙推动池塘中的淤泥，以增强清塘消毒作用。用此法清塘消毒比干塘清塘消毒省工效果更好。用生石灰清塘不仅可以杀死养殖鳝、鳅水域中的水生昆虫、蚂蟥、害鱼、蚌卵、蝌蚪和各种鳝、鳅病原体，而且可以澄清池水和使淤沌疏松，改善泥底的通气条件，有利细菌分解有机质，有利于黄鳝、泥鳅的生活。

(2) 漂白粉消毒　漂白粉一般含有30%左右的有效氯，加水后用清塘消毒有很强的杀菌作用。清塘用量可按每立方米水放20克，即放池水的漂白粉有20毫克/千克的浓度。泼洒漂白粉入池的方法是先将漂白粉加水溶化，然后用长柄瓢勺泼洒全池，泼洒遍全池后用船和竹竿在池塘内游荡，以增加药物在水体中的均匀分布，增强效果。漂白粉应注意盛装在陶器内，密封放于干燥处保存。因为漂白粉在空气中易挥发和潮解，不宜放金属器具中，以免腐蚀和降低药力而失去药物应有的药效。泼洒漂白粉的操作人员应戴口罩和橡皮手套，防止中毒。应用漂白粉清池消毒效力强，效果与生石灰相同。但用在肥水池效果较差，甚至不如生石灰和茶枯饼的清塘效果好。

（3）茶枯饼消毒　茶饼中含有皂角甙，为一种溶血性的毒素，所以用它作为清塘的药剂。清塘时每公顷平均水深1米左右，用量为600～750千克。泼洒的方法是选择气温高的晴天进行，先将茶饼烧热捣碎成块粒，然后放至水缸盛的温水中浸泡1昼夜即可加入大量池水，同以上泼洒方法，泼洒到全池各处。用茶枯饼清塘消毒效果较好，不但能杀死野鱼、蛙卵、蝌蚪，蚂蟥和部分水生昆虫，而且有利于水中藻类繁殖。但对鳝、鳅致病的病菌没有杀灭作用，所以防病的效果不如生石灰好。

清整鳝、鳅养殖池塘消毒除能减少黄鳝、泥鳅病虫害的发生以外，清整鳝、鳅养殖池、清除池塘中淤泥、增加放养量、池塘排水后塘底暴晒或冰冻，可使表层土壤疏松，加速土壤中有机物质的转化，有利鳝、鳅产量的提高。清整鳝、鳅养殖池塘一般在冬季进行。池塘排水清除淤泥后，还需修整和加固堤埂，减少漏水现象。

三、测量计算鳝、鳅鱼养殖池塘水面积、体积的方法

为了合理密养和准确施用药剂防治鳝、鳅病害，必须测量计算鳝、鳅养殖池塘的面积、池水面积、池水体积以及鳝、鳅病的用药量，这样才能避免浪费和减少不应有的损失，提高鳝、鳅产量。现分别将上述的计算方法简介如下。

● （一）养殖鳝、鳅池塘面积测算方法●

　　长方形或正方形的养殖池塘面积等于长度乘以池塘的宽度。若鱼塘为三角形，其面积等于底边乘以高除以2；若遇到不规则的养殖池塘，可先将鱼塘划成若干个三角形，再求各个三角形的面积，各个三角形面积之和，即是不规则池塘的总面积。

● （二）养殖鳝、鳅水面积测量方法●

　　长方形或正方形的养殖池塘，只要测量池塘水面的长度和宽度即可（单位用米）。公式：水面长度×水面宽度＝水面面积（单位：平方米）。若是圆形的养殖池塘，只需测池塘水面积的半径即可。公式：$\pi \times R^2$ ＝水面积（平方米）。（注：π 为常数，即3.1416，R 为半径）。若遇到形状不规则的鳝、鳅鱼养殖池塘，先将池塘划成若干个三角形来测量。如已知三角形的三边长度（用米计），求三角形的面积，其计算公式有以下两种：①设 a、b、c 为三角形边长，$s = (a + b + c) / 2$。三角形面积 $= \sqrt{s(s-a)(s-b)(s-c)}$。②已知三角形三边的长度，按其长度比例，用圆规绘图后再用下列公式计算。三角形面积 $= 1/2 \times h \times b$（注：h＝高，b＝底边。）在求出每个三角形面积后，把所有三角形面积加起来的总和即是该池塘的水面面积（平方米）。

● （三）池水体积测量方法●

　　1. 养殖池塘水深测量方法

　　测量养殖鳝、鳅池塘水的深度，先要了解池塘底部是否平坦，如果池塘底部深浅不一，还应了解其深度与浅度占全池面积的比例，然后再按其比例在较深的区域测量几点，在较浅的区域测量几点，将所量得的深度加起来的总和，再除以测量点数，即是平均水深（米）。

2. 池塘体积的计算公式

池塘水体积(立方米)＝池水面积(平方米)×平均水深(米)。

●（四）施用药物剂量的计算方法●

一般施用药物剂量用以下公式计算：

用药量＝池塘水体积（立方米）×需用药物的浓度

施用药物时，应了解养殖池塘水的水质肥瘦、洁净与污染情况。一般地说，水肥的鳝、鳅养殖池塘用药的功效较差，可以通过试验适当增加用药量。施用外用药必须根据养殖鳝、鳅池塘面积和水深情况，计算出池塘水的体积。内服药物必须根据养殖池塘水体中养鳝、鳅的体重或尾数计算出用药量，这样既安全，又能有效地发挥药物的作用。

四、鳝、鳅的给药方法

鳝、鳅疾病用药方法很多，常用的给药方法有以下几种。

●（一）泼洒法●

亦称全池遍洒法，是大面积防治鳝、鳅疾病的一给药方法。根据鳝、鳅的病情和池中的总水量，计算出用药剂量，配制特定的药物浓度，均匀泼洒于鳝、鳅池内，使池水在较长一段时间内保持药物的一定浓度，使患病黄鳝或泥鳅接受药液的浸浴。这种用药法能彻底杀灭鳝、鳅体表及水体中的病原体，但用药量大，易影响水体中的浮游生物的生长。

● (二) 浸浴法●

又称浸泡法。此法多用高锰酸钾、中药金樱子等作为辅助浸浴剂，以促使患病鳝、鳅溃烂表皮的愈合。操作方法：病情轻者宜用低浓度、长时间（至20小时）浸浴，病情重者宜用高浓度、短时间（30～120分钟）多次浸浴。浸浴时头部要放药液外，以免造成呼吸困难而死亡。药浴药水与鳝、鳅原生活水体的温差不宜过大。

● (三) 投喂法●

将需要投喂治疗药物研碎成粉末状，按剂量要求将药物与鳝、鳅喜食的饵料添加蜂蜜混制成药饵，喂药前投饲量应比平时减少，以便使鳝、鳅每天能吃光药饵。这种方法防治鳝、鳅病的疗效良好，只适用预防及治疗鳝、鳅初期患病。当患病鳝、鳅病情严重停止进食或减食明显时就很难收到口服药物的治疗效果。

● (四) 注射法●

无法投药时，可将药物直接注入患病鳝、鳅体内。注射部位在皮下腹腔，前后肢皮下或肌肉注射效果为好。鳝、鳅肌肉内血管丰富，药物注射入肌肉后，吸收快，治疗效果好。注射的部位应进行消毒处理，禁忌注射有强刺激性药物如钙制剂、浓盐水不宜肌内注射。操作动作要轻快，注射后要立即将病鳝、鳅放入原水环境中饲养。

● (五) 挂篓 (或挂袋法) ●

此法投药量低于全池泼洒该药的用量。篓（袋）宜挂在饲养池水下10厘米左右的水层中。篓（袋）数量多少，应根据饲养池大小并要保证鳝、鳅正常摄食确定。通常挂篓（袋）需要 3~4 天。

●（六）涂抹法●

将高浓度的药剂直接涂抹在患病鳝、鳅的体表。本法适用于治疗鳝、鳅体表局部炎症等疾病与外伤。用药前必须将患处清理干净后用药。此法用药量小，安全，操作方便，副作用小。

第三节　黄鳝疾病防治

一、赤皮病

又叫赤皮瘟、擦皮瘟，大多因黄鳝的皮肤在捕捞或运输时受伤，由荧光极杆菌侵入而引起。此病春末夏初较为常见。

［症状］患病黄鳝行动迟缓、无力，全天都将头伸出水面，体表局部出血、发炎，表皮脱落。鳝体表面黏液变色，出现许多大小不等的圆形小红疹斑块，尤以腹部和两侧最明显。部分鳝鱼腹部有蚕豆大小的紫斑，有时病鳝表皮烂坏，肠道、肛门充血发炎，发病鳝体瘦弱。

［预防］放养前彻底清塘消毒，用 1/20~1/5 的漂白粉浸洗，时间约半个小时，再将鳝种放入池中。发病季节每隔半个月左右用 2 毫克/千克的生石灰消毒或用漂白粉挂篓进行预防。运输和捕捞时，操作要小心，勿使鳝体受伤。

［治疗］①漂白粉挂篓。方法是每平方米用 0.4 克，大池用 2~3 个篓，小池用 1~2 个篓。用竹子搭成三脚架放在池

里，再用绳子把篓吊在水中。②漂白粉 5 克配成溶液全池泼洒，连续使用 3 天。每立方米水用药 2.5 克。方法是将磺胺噻唑拌入饵料投喂。3~7 天为 1 疗程。③用 10% 盐水擦洗患部，或把病鳝放入 2.5% 盐水中浸洗 15~20 分钟。④每立方米水体用明矾 0.05 克泼洒。2 天后用生石灰 25 克（每平方米水面）泼洒，隔 1 天按每立方米水含 1 克漂白粉浓度泼洒全池。⑤严重的用 10% 聚维酮碘溶液每立方米水体 0.5~1 毫升，1 天 1 次，连用 3 天。

二、细菌性肠炎病（又叫烂肠瘟、乌头瘟）

此病是由于黄鳝吃了腐败变质的饵料或过分饥饿而引起发病，多发生在 4—7 月。

[症状] 病鳝在水中行动缓慢，失去食欲。体色变青发乌，头部特别黑，腹部出现红斑，肛门红肿，轻压腹部有血黄色黏液流出，很快死亡。

[剖检] 肠子发炎充血，严重时发紫。

[防治] 放养前用生石灰彻底清田消毒。发病季节每 10~15 天用漂白粉消毒 1 次预防发病。治疗：用磺胺胍加大蒜喂服，每 50 千克体重按 0.5 千克大蒜头拌饵料饲喂，连用 3 天。严重病症饲喂磺胺胍，每 50 千克黄鳝第 1 天按 5 克，第 2~6 天减半。

三、打印病（又称腐皮病）

此病的发生由鳝体损伤感染细菌引起所致，夏、秋季黄鳝发病较多，流行季节在5—7月。

［症状］病鳝整天都将头伸出水面。鳝体背部与体表出现圆形、卵形或椭圆形红斑，主要发生在尾柄、腹部两侧。以后表皮霉烂，严重者肌肉腐烂，若剥去腐肉，可见骨骼和内脏，有时尾梢部分烂掉。

［防治］用生石灰彻底清塘消毒，水深30厘米的水池中每周每平方米水面用生石灰7克全池泼洒。一般采用改变水质与药物治疗相结合的方法，首先放干池水，清除底泥，另取砂质土壤铺底后，注入新水，然后放鳝入池。在发病季节用漂白粉进行全池消毒，水深30厘米的水池中每半个月每平方米水面用漂白粉0.2克溶水后全池泼洒。治疗：用漂白粉全池泼洒，每立方米水用药1克或五倍子全池泼洒，每立方米水用药1克。治疗本病用漂白粉涂伤口。严重病症大鳝每千克体重注射5毫克金霉素或用磺胺噻唑拌饵，每10千克黄鳝用药1克，次日用药减半，然后再用漂白粉消毒。

四、烂尾病

此病是由产气单胞菌引起，密集养殖黄鳝和长途运输中容易发生。

［症状］患病黄鳝尾部充血发炎，继而尾部肌肉坏死腐烂。严重时尾柄和尾部肌肉烂掉，尾脊椎骨外露。患病黄鳝反应迟钝，头伸出水面。病鳝体表有许多圆形大小不同的红斑，有的腹部出现蚕豆大小的紫斑，严重时会导致死亡。

［预防］①运输过程中防止机械损伤。②经常清洗鳝池，

更换池水，保持良好水质。③用呋喃唑酮0.2～0.25毫克/升
全池泼洒。

[治疗] ①用金霉素每立方米水体25万单位（0.25单
位/毫升）清洗、消毒患病黄鳝。②每立方米水体用土霉素2
克，化水全池泼洒。③每100千克鳝种用诺氟沙星药物3克
拌料投喂，1天1次，连用3～5天。

五、赤斑病

此病常因受伤后由水肿产气单胞杆菌感染而引起，流行
季节为4—6月。

[症状] 患病黄鳝体表毛细血管扩张发红，皮肤红肿，在
背、腹部和两侧腹壁出现大小不等、形状不同的红斑，肠道
发炎、病鳝肠子萎缩，眼球向外突出，严重时可引起死亡。

[预防] ①最重要的是不要让鳝体受伤。②彻底清池，并
定期对养殖池进行消毒。③避免转塘次数过多。

[治疗] ①2.5%的盐水浸洗15～20分钟。②漂白粉泼
洒，每立方米水中用药1克。③用磺胺剂每千克每天喂100～
150毫克，次日后喂150毫克，投喂数日。④用0.01%高锰
酸钾擦涂患部。

六、水霉病(又叫白毛病、肤霉病)

此病是由黄鳝互相抢食时咬伤或捕捞、放养操作与运输
过程中使伤口感染水霉菌引起。一年四季均有发生，晚冬、
早春多见，春夏季节鳝卵在静水中孵化也会感染此病。

[症状]体表长有棉絮状菌丝，呈灰白色。由于霉菌能分泌一种酵素来分解鳝鱼的组织，使鳝鱼分泌大量黏液，黄鳝常表现为焦躁不安，并有与固体摩擦现象。同时，菌丝繁殖，逐渐在黄鳝体表上蔓延、扩散。患处肌肉腐烂，往往使病鳝食欲不振，逐渐消瘦而导致死亡。

[防治]养鳝前清除养鳝池内的腐败有机物，并用每立方米水体 20～25 克的生石灰消毒。在捕捉放养过程中不要使鳝体受伤。治疗：将病鳝捞起用每立方米水体用高锰酸钾 2 克溶液浸洗病鳝 3～5 分钟，隔日 1 次，连用 3 次。

七、发热病

鳝鱼发热病常因养殖或运输过程中投放密度过大而引起水体环境严重恶化，鳝鱼体表分泌的黏液过多在水中积聚，加速了水中微生物的分解，因而消耗了水中大量氧气；或因用饵料过多而发酵，释放出大量的热量，使水温上升到 40℃以上；物品是在运输过程中，水温明显升高，有时候竟高达 50℃，水呈浑暗绿色且发臭，溶解氧含量少。

[症状]黄鳝焦躁不安，不停地乱游乱窜，相互缠绕成团，甚至体表黏液脱落，头部肿胀，最后窒息而死亡。

[预防]放养鳝鱼体，需要用生石灰彻底消毒，放养密度不要过大，水质恶化时应及时换水，及时清除残饵，保持良好的水环境，如果放养池中栽培一些水生植物或放入少量泥鳅，让泥鳅在水体中上下窜动，摄食黄鳝吃剩下的残饵，还可增加溶解氧和防止黄鳝相互缠绕，减少发生疾病。

[治疗] 发现这种病需要及时换注新水，改善水质，同时在鳝池中每升水放 30 万国际单位青霉素或每平方米泼洒 150 毫升 0.07% 硫酸铜溶液防治。

八、感冒

遇到天气变化或灌注新水会导致鳝鱼体温与水温相差太大，水温突变，造成鳝鱼一时不能适应而刺激神经末梢，引起鳝鱼生理机能紊乱，器官机能失调，致使鳝鱼发生感冒。

[症状] 患病黄鳝表现出食欲减退，游动迟缓，漂浮水面，焦躁不安，行动失常；皮肤失去光泽，黏液增多，体色变得暗淡。严重时黄鳝个体呈休克状态，失去活动能力，以致发生死亡。

[防治] 在换注新水时要注意水的温度差，不大于 ±3℃，换水量不宜过大，新加水不超过老水的 1/3。秋末冬初，当水温降到 12℃ 左右时，黄鳝开始钻入泥穴越冬，这时可以排去池水，但要保持池底泥土湿润，以利于黄鳝呼吸。池底泥土上需要覆盖一层稻草或麦秸秆，以增加温度，防止池水结冰而使黄鳝受冻发生感冒。对已经发病的黄鳝应立即设法调节水温，或转移到适当水温的水体中。

九、梅花斑病

在稻田养鳝多见此病。

[症状] 患病黄鳝背部出现黄豆和蚕豆大小的梅花形黄黑色斑纹而得名。除此病状以外，病鳝的口腔和肛门常流血，

从水中捕捞起来可见全身颤抖，一般病程3～4天死亡。

[防治] 捕捉几只蟾蜍（俗名癞蛤蟆），由于它的身上能分泌白色浆液，尤其是耳后腺内的白色浆液更多，取出入药，中药名蟾酥。黄鳝发病期间，用镊子夹住蟾蜍耳后腺，注意切勿过分用力，挤出白色的蟾酥浆液少量放入病鳝池中。预防鳝病可捉几只蟾蜍放于养殖黄鳝池中，具有一定消毒杀菌作用。

十、黄鳝出血病

该病亦称黄鳝出血性败血病，由产气单胞菌引起，为黄鳝的常见病和多发病。

[症状] 黄鳝身体表面出现有绿豆大小至蚕豆大小不等的出血斑，有时呈弥漫性出血，由鳝体腹部逐渐发展到鳝体两侧及背部。将病鳝尾部提起倒置，黄鳝口腔有血状液体流出。肛门红肿、外翻。24小时后浮出水面深呼吸，呼吸频率很快，此后病鳝不停地按顺时针方向打圈翻动，最后死亡。

[预防] 放养黄鳝之前，用生石灰彻底清塘消毒，改善水质，加强饲养管理，搞好环境卫生。

[治疗] ①按每25千克鳝体用10～20克大蒜素拌饵料投喂3天。②外用0.2～0.25毫克/升呋喃唑酮化水全池泼洒，连续3天。③用金霉素药液按每立方米水体25万国际单位浸洗患病鳝体15分钟。

十一、毛细线虫病

由毛细线虫寄生在黄鳝肠道内引起发病，虫体为长圆筒形、细长如线，体长 2 ~ 11 毫米，乳白色，有时呈淡黄色。寄生于肠道内的为成虫，寄生于其他内脏器官的为幼虫及其包囊。常从头部钻入黄鳝肠壁破坏肠黏膜组织，引起其他病原菌侵入而发病。主要危害幼鳝，发病期多在 7 月。

［症状］黄鳝感染毛细线虫病后没有明显的症状，一般感染不会引起死亡，大量感染可使肠壁变薄腐烂或阻塞肠管，甚至造成肠穿孔，引起黄鳝死亡。被毛细线虫幼虫感染者，腹部膨大，有时腹部有充血现象，严重影响黄鳝生长。

［预防］黄鳝入池饲养前，鳝池用 20 毫克/千克的生石灰或取 1 克孔雀石绿加水 50 千克，浸泡鳝种 10 ~ 15 分钟，预防毛细虫病。

［治疗］在发病期间，每立方米水体用 90% 晶体敌百虫0.7 ~ 1 克，加水溶解后全池泼洒或用阿苯达唑 40 毫克/千克体重拌饵料投喂，每日 2 次，连续 3 天。

十二、棘头虫病

棘头虫病是由于棘头虫寄生于鳝肠道前端引起。

［症状］外表症状不明显，解剖前肠能看到许多白色柱状的虫体寄生。棘头虫钻在肠黏膜内吸取营养，阻塞肠道。病鳝体质消瘦，引起肠道明显充血发炎，破坏部分组织，严重者可造成肠穿孔或溃烂而死亡。

［预防］放养前用 20 毫克/千克生石灰彻底消毒或于放鳝种前将池水排干，经太阳长时间暴晒，杀死中间寄主。

［治疗］患病黄鳝每千克体重用 90% 的晶体敌百虫 0.1 克

或用阿苯达唑 40 毫克/千克体重拌饵料投喂，每日 2 次，连续 3 天。

十三、蛭病、锥体虫病

蛭病又称蚂蟥病，水蛭牢固地吸附于鳝体，多数寄生在个体较大的黄鳝头部，吸取黄鳝的血液为营养，使被寄生部的表皮组织受到破坏。此外，蚂蟥还是锥体虫的中间寄主，锥体虫在黄鳝血液中营寄生生活。

［症状］患病黄鳝活动迟钝，食欲减退，影响生长。黄鳝感染锥体虫后，引起贫血、消瘦和继发性病，影响鳝鱼生长，严重者会失血过多而死亡。

［预防］利用蚂蟥趋动物血腥味的特性，可用干枯的丝瓜浸湿猪鲜血后，放入有蚂蟥的鳝池中，诱蚂蟥聚集，待 1～2 小时取出丝瓜，将蚂蟥捕灭，或在养鳝池中插上一个内装有畜禽血的细小竹筒，待蚂蟥钻到筒内吸血后再捕捉。

［治疗］发现蚂蟥在鳝头部和鳝体寄生时，可将池中黄鳝投笼捕出后，放在木盆内，用 0.2% 晶体敌百虫溶液浸洗10～15 分钟，浸洗后，蚂蟥即死亡脱落，黄鳝无损伤，安全，效果好。已患锥虫病鳝，可用 2%～3% 的食盐水浸洗病鳝 5～10 分钟，或用 0.5 毫克/千克硫酸铜和 0.2 毫克/千克硫酸亚铁合剂洗病鳝 10 分钟左右。

第四节　黄鳝敌害防治

人工养殖黄鳝过程中，应注意防止猛禽、水鸟、蛇和家禽家畜（鸡、猪、牛）等进入养殖池为害黄鳝的生长，特别是水蛭、水老鼠对黄鳝的危害大，要注意及时防治。

一、水蛭的危害与防治

水蛭危害的患病黄鳝活动迟缓，食欲减退，影响生长。用肉眼可见到出血点，大量寄生时鳝体会流血不止。预防上，可在放苗前用生石灰进行彻底清塘。治疗上，在苗种下箱前用聚维酮碘 10 克/立方米水体浸泡 10 分钟；用禽畜类血放入箱中诱杀水蛭；用 10 毫克/升的硫酸铜浸洗鳝体 10～20 分钟。

二、水老鼠的危害与防治

水老鼠可以咬破网箱，位置在水面上下几厘米处。预防上，每天早上提起网箱四角，上下检查网箱，发现箱内有残饵应及时捞出。及时修补网箱被咬洞口，经常在养鳝池四周用鼠夹捕鼠和投放鼠药灭鼠。

第五节　泥鳅病害防治

一、泥鳅疾病预防

泥鳅抗病力强，在天然水体中疾病较其他鱼类少，但在人工饲养管理不善，尤其是高密度养鳅或外界不利因素如气温突变、水质恶化、饵料变质或鳅体损伤的影响，特别在夏季，养殖泥鳅易患一些细菌性疾病。预防泥鳅疾病的方法是保持良好的水体环境，搞好清塘消毒，保证水质良好，把握放养密度和水温，勿使水温差别过大等。在养殖过程中发现泥鳅离群，沿田边缓游，鳅体出现病状时，必须及时捞出，以便对泥鳅发病症状、原因进行分析，采取相应的防治措施，避免鳅病发生和流行。

二、常见鳅病害防治

●（一）赤皮病●

此病的病原体是液化产气单胞菌。当池水恶化、蓄养管理不善或捕捞及运输、装运操作不当时，鳅体受伤易患本病。此病多流行在夏季，发病率较高，对泥鳅的危害很大。

［症状］患病初期病鳅的尾鳍、胸鳍鳍条或体表部分表皮剥落，呈灰白色，腹部皮肤及肛门周围充血发红，继而在腹部和体侧出现血斑，并逐渐变为深红色，肠管糜烂，进而并发水霉病。病鳅不摄食，常在流水口处或田埂、沟边水面悬垂。

［预防］加强饲养管理，在捕捞或运输操作中尽量避免鳅体受伤。在泥鳅苗放养前先用孔雀石绿溶液消毒可预防本病。

［治疗］用3%食盐水混在饵料中连续投喂3天。严重病症可用0.1毫克/千克的四环素溶液浸泡1昼夜。

●（二）气泡病●

气泡病因水质恶化、水中氧气不足或其他有害气体过多引起，该病多见于鳅苗生长阶段。

［症状］该病多发生于春末夏初，对幼鳅危害较大。病鳅

苗的肚皮膨起成气泡状，常浮于水面。

[预防] 平时避免投料过多或施肥过量，并注意及时换注新水，并防止浮游植物繁殖过量。

[治疗] 用2%～3%的食盐水浸洗5～10分钟，或每亩用4～6千克食盐对养殖池全池泼洒。

● （三）水霉病（又名肤霉病）●

此病是由一种肤霉菌引起的，多在水温较低的早春、晚秋和冬季发生、流行，鳅卵孵化期或鳅体受伤更易患此病。

[症状] 病鳅行动迟缓，食欲减退，病鳅体表有白色绒毛状的水霉滋生，数日后死亡。

[预防] 冬季蓄养时应防止鳅体受伤而感染。

[治疗] 鳅体受伤可用2%～3%食盐溶液浸洗5～10分钟，或将患鳅浸入1毫克/升的孔雀石绿溶液中15～30分钟。人工繁殖避免在低温阴雨连绵期进行，若受精卵感染此病后，可用百万分之一的孔雀石绿溶液浸洗30分钟。

● （四）腐鳍病●

此病是一种杆菌引起的鳅病。

[症状] 患鳅背鳍附近表皮脱落，呈灰白色，肌肉腐烂。严重时，背鳍的鳍条脱落，肌肉外露，体两侧从头部至尾部浮肿，病鳅废食，衰弱而死。

[防治] 此病可用1%～5%的土霉素溶液浸浴10～15分钟（或同样剂量的金霉素）溶液浸泡5～10分钟。每天1次，连续3～5天。

● （五）　白鳍病●

此病主要是由捕捉后放流水中长时间蓄养所致。

[症状] 患鳅的体表和鳍呈灰白色，此外，体表出现红色环纹。

[防治] 此病可用 1 毫克/升的孔雀石绿溶液浸洗 15～30 分钟。

● （六）　寄生虫病●

泥鳅苗培育阶段体内常有车轮虫、舌杯虫和三代虫等寄生虫寄生。车轮虫寄生在鳅体皮肤、鳃部，对幼鳅危害最大，多在 4—7 月发生。舌杯虫寄生于鳅鳃瓣或皮肤，多危害幼鳅。

[症状] 被寄生的鳅苗常浮于水面，急促不安或在水面打转。有寄生虫寄生的泥鳅发黑、瘦弱、离群缓游。若寄生在鳃瓣时还会引起鳃组织腐烂，窒息死亡。

[防治] 泥鳅寄生虫治疗：车轮虫和舌杯虫，每立方米水体可用 0.5 克硫酸铜和 0.2 克硫酸亚铁合剂挂机袋或溶液进行全池泼洒治疗。三代虫寄生于泥鳅体表和鳃，5—6 月份流行，可用 0.5 毫克/升晶体敌百虫溶于水中进行全池泼洒治疗。

附：黄鳝、泥鳅疾病防治药物使用表

鱼药名称	用途	用法与用量	注意事项
生石灰	用于改善池塘环境，清除敌害生物及预防部分细菌性鱼病	带水清塘：200～250 毫克/升；全池泼洒 20 毫克/升	不能与漂白粉、有机氯、重金属盐、有机络合物混用

（续表）

鱼药名称	用途	用法与用量	注意事项
漂白粉	用于清塘，改善池塘环境及防治细菌性皮肤病、烂鳃病、出血病	带水清塘：20毫克/升全池泼洒：1.0~1.5毫克/升	勿用金属容器盛装；勿与酸、铵盐、生石灰混用
二溴海因	用于防治细菌性和病毒性疾病	全池泼洒：0.2~0.3毫克/升	
氯化钠（食盐）	用于防治细菌、真菌或寄生虫疾病	浸浴：1%~3%5毫克/升10~20分钟	
硫酸铜	用于治疗纤毛虫、鞭毛虫等寄生性原虫病	浸浴：8毫克/升，15~30分全池泼洒：0.5~0.7毫克/升	常与硫酸亚铁合用；勿用金属容器盛装；使用后注意池塘增氧；不宜治小瓜虫病
硫酸亚铁	用于治疗纤毛虫、鞭毛虫等寄生性原虫病	全池泼洒：0.5~0.7毫克/升（与硫酸铜合用）	治寄生性原虫病需与硫酸铜合用
高锰酸钾	用于杀灭锚头鳋	浸浴：10~20毫克/升，15~30分全池泼洒：4~7毫克/升	量高时药效降低；不在强阳光下用
大蒜	用于防治细菌性肠炎	拌饵投喂：10~30克/千克体重，连用3天	
大黄	用于防治细菌性肠炎、烂鳃、出血	全池泼洒：2.5~4.0毫克/升拌饵投喂：5~10克/千克体重，连用4~6天	投喂时常与黄芩、黄柏合用（三者比例为5:2:3）
五倍子	用于防治细菌性烂鳃、赤皮、白皮、疖疮	全池泼洒：2~4毫克/升	
土霉素	用于治疗肠炎病、弧菌病	拌饵投喂：50~80毫克/千克体重，连用4~6天，虾类连用5~10天	勿与铝、镁离子及卤素、碳酸氢钠、凝胶合用
碘胺嘧啶	用于治疗鲤科鱼类的赤皮病、肠炎病	拌饵投喂：100毫克/千克体重，连用5天	与甲氯苄氨嘧啶（TMP）同用，可增效；第1天药量加倍

注：投服药饵应根据发病黄鳝与泥鳅的体重严格控制药饵投量

三、泥鳅敌害动物防治

养殖泥鳅应经常巡田，注意防止水蛇、老鼠、凶猛鱼类等敌害动物对泥鳅的危害。防治方法同黄鳝敌害动物的防治。

第六章　黄鳝、泥鳅的捕捞

第一节　黄鳝的捕捞

　　黄鳝的捕捞时间一般从 11 月下旬开始，此时进入冬季，气温低，黄鳝已经停止捕食，也停止生长。这个时期是起捕黄鳝进入市场、满足消费者需要的大好时机。对已经达到食用规格的成鳝，除较小的个体留作种鳝继续饲养外，都一次全部捕获，可实现养殖效益的最大化。根据黄鳝养殖方式的不同可以采取以下不同的捕捞方法。

一、池塘养殖黄鳝的捕捞

　　池塘养殖黄鳝的捕捞有生长期小额捕捞（多采用笼捕法）和上市期批量捕捞（一般采用冲水法捕捞和排水干池翻捕法等）两种方式。

●（一）笼捕法●

　　笼捕法是引诱黄鳝自行钻入鳝笼而捕获黄鳝的一种方法。捕捞时在养殖池塘中的水底设置鳝笼（图 12）。诱鳝笼是用带有倒刺的竹篾编制成高 30～40 厘米、直径 15 厘米，左右两端较细的竹笼，其底口封闭，上口敞开（口径以能伸手为准），其周围伸出 5~8 片薄竹片，形成倒须的小口（直径约5 厘米）。并用 1 节长约 20~30 厘米、直径 6~8 厘米的竹筒，竹筒底端有节不通，诱饵筒内装少量黄鳝喜吃的新鲜活饵后，将其筒插入诱笼，并用稻草将笼口塞住，这时可将诱笼置于鳝池水底或稻田埂边旁，用手压入泥 3~5 厘米，每隔半小时可以取笼收鳝 1 次。

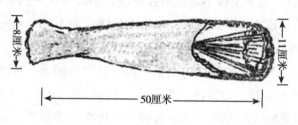

8厘米　　　　　　　　　11厘米

50厘米

图 12　竹编黄鳝笼

● （二）冲水法 ●

黄鳝喜欢在微流的清水中栖息。根据黄鳝这一生活特性，采取人为控制微流清水法捕鳝事半功倍。方法是将养殖黄鳝的池塘老水排出 2/3，再从进水口进入微量清水，出水口继续排出与进水口相等的水量，同时在进水口放入一个与池底相等大小的网片，网片四角用"±"形竹竿绳绷牢，沉入池底，每隔 10 分钟收取网片捕鳝 1 次。

● （三）放干池水翻土捕鳝 ●

晚秋、冬季和早春可从坑池的一角开始翻动泥土，挖出黄鳝，取大留小，然后再用稻草等物覆盖，使坑内保持一定数量的种鳝，以利长期繁殖，不再放种。

二、网箱养殖捕鳝法

根据黄鳝的生长情况和市场行情，采用捕大留小来捕捉黄鳝售卖。也就是捕捞大的黄鳝个体上市（注意在黄鳝排卵孵化及胚胎发育期最好不要捕捉大的黄鳝，也不要破坏有泡沫的巢），留下个体小的黄鳝在密度较小的情况下强化饲养，促使其生长达到上市要求。一般成鳝销售前1天一箱一箱起捕。标准网箱起捕时的方法是用两只小船，每船2人，先将网箱内的水生植物捞净，小船进入网箱左右两侧，从网箱一端将网衣提起，边清洗网衣，边收拢网箱，向另一端集中。洗净网箱底部的污物，清除杂物，再用捞海等起捕工具将黄鳝打捞，放入事先准备的鱼筐送到岸上。尽量做到减少黄鳝的应激反应，随捕随销随过称。

三、稻田养鳝的捕捞

在11月中下旬起捕黄鳝。方法是先将养殖黄鳝的稻田出水口挖1个1米×1米的鱼溜，将泥土全部清除。捕捉黄鳝时在出水口铺1网箱，挖开出水口排水，黄鳝随水流进鱼溜，放干水后用抄网将鱼溜中的黄鳝全部捕获。再向鱼溜中注满水，过1~2天再放水，用抄网捕捞，经过2~3次冲水后，绝大多数黄鳝可用抄网起捕，剩余少量的黄鳝可用手翻开泥土捕捉。

稻田养殖黄鳝也可采用迫聚法捕捞。每亩用3~5千克茶籽饼（含皂苷碱，对水生动物有毒），先用火烤热、粉碎，装入桶中用沸水5升浸泡1小时后备用，于田间静水处迫聚法捕获黄鳝。方法是先在田的四周每隔10米堆泥一处，并使其低于水面5厘米，在上面放置半圆形有框的网或有底的笭筐，在网上或笭筐上堆泥的出水面15厘米。傍晚将备用的茶籽饼粉碎施于稻田中，使稻田中的黄鳝感到不安，游向田边小泥堆。翌日早晨即可提网和笭筐收捕黄鳝。

四、野生黄鳝的捕捞

俗话说"小暑黄鳝赛人参"。当黄鳝个体重达80～100克时，即可捕捞上市，此时是黄鳝捕捞的最佳时期。野生黄鳝的捕捞方法如下。

●（一）密眼网片捞捕法●

黄鳝喜欢在微清流水中栖息，18：00～19：00捕鳝，先将鳝池中的老水排出1/2，再从进水口放入微量清水，出水口继续排出与进水口相等的水量，同时在进水口处（约占本池水面的1/10放入1个与池底大小相当的网片，网片的四周用"十"字形竹竿绳扎绷沉入池底，每隔10分钟取网1次。采用人为控制微流清水，用网片捕捞鳝鱼方法简单易行。

●（二）诱饵捕鳝法●

其诱捕方法是罩网诱捕法。黄鳝喜欢在夜间觅食，诱饵捕鳝多在夜间进行。将罩网内放少量黄鳝喜欢吃的新鲜活的饵料，并在饵料铺盖1层草垫置于投饵台附近的池底水中，待黄鳝引诱入网钻入草垫后，立即将罩网提起，然后揭除草垫，捕捉黄鳝入篓。人工饲养黄鳝可采用网眼密、网片柔软的夏花鱼种网来捕捞。

● （三） 诱鳝笼张捕鳝鱼 ●

　　诱鳝笼是用带有倒刺的竹篾编制成高 30～40 厘米、直径 15 厘米左右，两端较细的竹笼，其底口封闭，上口敞开（口径以能伸手为准），其周围伸出 5～8 片薄竹片，形成倒须的小口（直径约 5 厘米）（图 12）。并用一节长 20～30 厘米、直径 6～8 厘米的竹筒，竹筒底端有节不通，诱饵筒内装少量黄鳝喜吃的新鲜活饵后，将其筒插入诱笼，并用稻草将笼口塞住，这时可将诱笼置于鳝池水底或稻田埂边旁，用手压入泥 3～5 厘米，每隔半小时可以取笼收鳝 1 次。

● （四） 灯光照捕黄鳝法 ●

　　5—6 月份黄鳝喜在夜晚出穴到稻田、池塘、沟渠等场所活动觅食，这时用手电筒强光照着黄鳝头部，黄鳝就会潜伏不动，用黄鳝夹或用手捕捉。

● （五） 钓捕法 ●

　　钓捕黄鳝季节宜在春、夏、秋 3 季进行，以春季最佳。因为黄鳝经过冬眠后体内营养消耗很大，开春食欲大增，吃食凶猛，容易上钩。钓捕在水温 15℃ 以上，选阴天特别是在雷雨前，时间宜在 10：00 以前和 15：00 以后及夜间进行，尤其是夜间效果最好。

　　钓捕黄鳝的钓具宜用竹竿，即用长 1.5 米左右的短竹竿，钓线用齐竿粗线，钓钩可用国产 114、115 号长柄鹤嘴型鱼钩或用自行车轮钢丝或雨伞钢丝自制钓钩，将一端磨尖，用老虎钳将其尖端弯成钩状即成。钓捕黄鳝时将青蚯蚓挂钩，钩头朝下，轻轻晃动深入黄鳝洞口内，慢慢上下移动。黄鳝闻到蚯蚓的气味咬钩摄食上钩时，需将钩子稳住，待黄鳝体力耗尽，再提线将黄鳝拉出洞口而捕获。如黄鳝受惊会立刻潜入洞内，需要稍停一会，黄鳝就会又慢慢将头伸出窥视诱饵，然后突然吞饵又缩入洞内，此时再同上收钩捕鳝。当水温低于10℃时，黄鳝大多停止进食。有些植物如菖蒲生长茂密的河岸很难钓到黄鳝。

●（六）干池捕鳝法●

冬天天气严寒，黄鳝入泥越冬，待到水温上升，黄鳝出来游到水中活动觅食。此时捕鳝可采取放干养殖黄鳝的水池，放水后池底泥土能挖出泥块时，用铁锹细心翻土捕鳝。但要注意切勿损伤鳝体。用此法捕鳝量大。捕到的上市规格的黄鳝可以暂时饲养，待机出售。对较小的鳝苗可作翌年的鳝种。

无论是网捕还是挖取方法捕捉黄鳝，操作时都应注意尽量不使黄鳝受伤，以免降低商品价值。黄鳝起捕后，先将体表黏附的泥沙洗净，然后放消毒过的容器贮养、运输和出售。

第二节　泥鳅的捕捞

泥鳅经过4个月的养殖，全长达到10厘米，体重达到12克左右，根据市场需求，即可捕捞出售。或气温降到5℃以下时，泥鳅在坑池密集，钻入18～32厘米处自然越冬，停止摄食，不再长大，即可捕获上市。泥鳅有底栖钻土的习性，比一般鱼类较难捕捞，不同的水体环境需要采用不同的捕捞方法。

一、池塘养殖成鳅捕捞法

●（一）食饵诱捕法●

捕捞少量泥鳅可用本法。方法是将炒米糠、蚕蛹与腐殖土混合均匀作诱饵，装入须笼（图13）或其他鱼笼中。选在下雨前傍晚放沉到池塘水底，次日清晨取出须笼，可捕获大量泥鳅，也可在投饵场张网捕捞泥鳅。

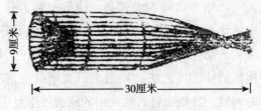

图 13 捕捉泥鳅的须笼

●（二）冲水法●

在养殖池塘出水口外系好张网，夜间排水，同时由注水口不断注入新水。泥鳅顺着水流自然进入张网内。收网即可捕到池塘里的泥鳅。

●（三）干塘法●

一般在秋末冬初，捕捞饲养池塘的所有泥鳅可用此法。方法是先排干池塘水体，使泥鳅集中到鱼坑内，再用抄网捕捞。钻入池塘底土的泥鳅，可在池塘底部挖排水沟，使泥鳅集中到排水沟后再行捕捞。

二、稻田泥鳅捕捞法

捕捞通常在水稻即将成熟或稻谷收割后进行，常用捕鳅笼装饵诱捕。在捕捞前3天把水慢慢放干，在水源方便的稻田，可以边冲水、边驱赶泥鳅往鱼溜或水坑里集中捕捞。如未捕尽，可放水再捕1次。对于潜入泥中的泥鳅，难以捕尽，可先放干水，后翻泥捕捉。冬季到来之前，在稻田泥层较深处事先堆放猪、牛粪作堆肥，可引诱泥鳅集中粪堆后再进行捕捞。为了降低运输泥鳅的死亡率，需在运输前将泥鳅放入清水中蓄养，1~3天可不投食。如需留养，可用小池暂时囤养，待插完晚稻7天后放养。为了保证翌年稻田养殖泥鳅的种子资源，应当进行保种越冬。在自然越冬密集泥鳅的坑池上面，覆盖1层腐熟的猪、牛粪，坑、池中维持约18厘米深的水位，以作泥鳅种越冬饲养池，保证泥鳅种安全越冬。

三、天然水体中泥鳅捕捞法

捕捞天然水体的泥鳅，可采用集鱼坑、集鱼道及固定投饵场张网捕捉，也可于排水沟外系网或张网，夜间排水，并由注水口不断注水捕获。也可在干涸的沟渠放水吸引泥鳅，几天后选闷热的天气进行钓捕。

第三节 黄鳝、泥鳅混养的捕捞

一、池塘混养黄鳝、泥鳅的捕捞

●（一）黄鳝的捕捞●

如 5 月在池塘中混养黄鳝，翌年 8 月开始捕鳝。捕捞黄鳝主要用竹编鳝笼捕捉，捕鳝时在鳝笼内放些猪肝、蚯蚓、小鱼等诱饵，置于池底水中，一般在天黑前 6：00 放笼，翌日凌晨 1：00 收笼，后更换诱饵再捕捞 1 次。或在 21：00 趁黄鳝在岸边觅食时，整个鳝体露出水面时用手捕捉。大量捕鳝采用放干池水后翻土捕鳝，可从池的一角开始翻动泥土，要避免损伤黄鳝。达到食用规格的除留少量用作鳝种外，其余都捕获，小鳝鱼留养。

●（二）泥鳅的捕捞●

泥鳅长到 8～10 厘米时即可捕捞。秋季于夜间在靠近进水口处铺上渔网，然后注入新水，因泥鳅有逆水游动习性，在夜间集中于水口附近，翌日早晨将网具提起即可捕捞。也可将炒热的米糠、麸皮及其他有香味的饵料，放置在鱼笼内诱捕。晚秋、冬季和早春，可以从田的一角开始翻动泥土来挖取泥鳅。

二、稻田混养黄鳝、泥鳅的捕捞

放养体重 25～50 克的鳝种苗，一般经 1～2 年的稻田养殖即可长成 150 克以上的个体，稻田养鳅种苗尾重 10 克左右的鳅种，当年即可长成 30 克以上的个体。在养殖过程中，可根据市场的需求，捕大留小，分期分批上市。稻田鳝、鳅混养捕捞上市一般安排在 9 月中旬前，用捕鳝、鳅的笼具装诱饵在水中捕捞上市。或用网箱、水泥池暂养囤存后上市。通常在水稻收割后可将田水放干，使鳝、鳅聚集于鱼沟、溜之中，用拉网捞起。由于泥鳅常潜伏在泥中生活，1 次捕尽比较困难，可采取先放干水，待泥土能挖成块时，从稻田的一角翻动泥土，将鳝、鳅翻出彻底捕捉的方法。在翻动泥土时一定要尽量避免鳝、鳅身体受伤，以免降低其商品价值。

第七章 **黄鳝、泥鳅的蓄养与运输**

第一节　黄鳝的蓄养与运输

一、黄鳝的蓄养方法

黄鳝耐饥饿、耐低氧，离水后较长时间不会死亡，为活鳝运输提供了有利的条件。运输的黄鳝能调节淡旺季，缓解市场鳝源销售，满足消费者的需求，提高生产者的经济效益。黄鳝暂时蓄养又称固养、运输前锻炼并停食，排除黄鳝体内代谢废弃物，便于装运。扩大贮鳝量可因地制宜地建造水泥池、土池，也可用水缸等蓄养黄鳝。

● （一）水泥池蓄养法●

根据蓄养黄鳝的数量多少，决定贮池的容积大小。贮池的建造与一般成鳝养殖池相同。蓄养过程需要经常换注新水，并投喂活体动物和新鲜饵料，要定时定量，并经常用药物消毒防病。用该法蓄养黄鳝，蓄养量较大，存活期较长，而且容易管理和捕捉。

● （二）土洼坑蓄养法●

多在房前屋后建土洼坑。方法是挖 1 个 0.6～1 米深的土洼坑。坑的四周用砖砌0.4米高，洼坑中灌入0.3～0.4米深的水，水中可栽水生植物：每平方米放养黄鳝8～10千克，定时定量投喂饵料和常换新水，并注意做好消毒防病工作。用该法蓄养黄鳝投资少，方法简易，适于农家采用。

● （三）水缸蓄养法 ●

短期蓄养少量黄鳝多用此法。方法是先将蓄养缸用水洗刷消毒，再用清水冲洗干净，注入新水。然后把黄鳝放入缸内。每平方米放养黄鳝10～12千克，然后在缸口上加盖铁丝网罩，以防黄鳝逃窜和敌害侵食。开始蓄养的1～2天，由于黄鳝口腔中附有泥沙、污物，所以需要经常换注新水。浸洗干净以后，只需要隔日换水1次。黄鳝体表黏液大量脱落，导致水体发黏，注意此时不能换新水，每天需要把缸下面的黄鳝翻动3～4次。一旦水质变黏，应立即将脱黏的黄鳝处理掉。

二、黄鳝的运输方法

在运输前将捕获起水的黄鳝停饵暂养。因为黄鳝在运输途中要长时间处于密集的环境中，常受到惊扰，鳝体排出大量的黏液和粪便污物，污染了容器里的水质，引起黄鳝的大批死亡。因此，鳝鱼应先放在水缸、木桶或水泥池里进行蓄养（切勿放在盛过油类物质的容器内），经过几天黄鳝的废弃物基本可以排净。这样也可使黄鳝提前适应惊扰的刺激和密集运输的环境。如此处理可使鳝鱼在运输过程中确保鳝体健壮，提高运输成活率。运输黄鳝有带水运输、湿润运输和尼龙袋运输等方法。一般采用带水或尼龙袋运输效果较好。

● （一） 带水运输法 ●

　　将黄鳝放在较浅的水缸、水泥池、木桶或帆布袋等容器内。其方法是先将水装入容器中（5 升容积可盛水 2 升）浸泡 1～2 小时后，再轻轻放入黄鳝 1 千克左右。水温 25℃ 以下，在途中或暂养时间 1 日以内；如闷热或时间长，则适当少装。容器上需加有孔的盖子，防止黄鳝逃出，同时还可起到通气的作用。夏天运输黄鳝，可在有孔的盖子上加放冰块，使溶化的冰水逐渐滴入盛装黄鳝的容器内，促使水温下降。

● （二） 尼龙袋充氧运输法 ●

　　先将黄鳝放入 0℃ 水中 10 分钟，使黄鳝受到冷水刺昏后，同时在容器内少放几条泥鳅，利用泥鳅在容器中活动，可减少黄鳝互相缠绕，增加容器水中的溶氧量。采用带水运输黄鳝的方法适用于较长距离的运输，一般成活率高达 95% 以上。每袋先装进黄鳝 10～15 千克，装入 10 千克清水，使水淹没鳝体，并立即向袋内充气，扎住袋口就行了。

● （三） 湿润运输法 ●

　　用篓、箩筐或蒲包等做容器。运输时竹篓、箩筐或蒲包内放少量水草或其他细软物。篓筐上加盖。用蒲包作容器，可在 24 小时以内湿运。每包装 25 千克左右，蒲包口要用绳扎紧，以防黄鳝逃跑。短途运输 2～3 小时淋水 1 次，以保持鳝体湿润为度。长途或高温运输时，1～2 小时淋水 1 次。有条件时，可将冰块置于蒲包或箩筐上，冰水既可降温，又可保持皮肤湿润，可提高黄鳝运输成活率。农村常用此法运输黄鳝。

●（四）干运法●

利用黄鳝离水后能保持体表的一定湿润性，可以通过口腔和皮肤进行呼吸维护较长的生命。运输以木箱为容器，在箱底上铺垫1层湿润稻草，以防磨伤鳝体。运输时，将鳝鱼用清水洗净后装入木箱容器内。为了防止鳝鱼过多相互挤压而死，或在木箱内闷死，每只木箱内装入鳝鱼不宜数量多，同时要在木箱上钻通多个孔洞，便于通气。为确保鳝体有一定的湿润性，运输途中每隔3～4小时需要淋1次清水。夏季运输时，要经常揭盖向木箱内洒凉水（如井水）。长途运输最好在装鳝木箱盖上放些冰块；使溶化的冰水逐渐从箱盖孔洞中滴进容器内，可以提高运输的成活率。

三、运输途中的注意事项

●（一）运输前要暂养●

通过暂养1～2天可清除黄鳝体表黏附的污物和排除体内的残食、粪便，避免运输途中影响黄鳝的呼吸，增加黄鳝运输的成活率。

●（二）运输器具装载黄鳝的密度要适宜●

运输器具装载黄鳝的密度不宜过大，具体装载量以堆积高度不超过20厘米为准。冬季水温低，运输距离短，可以多装载一些。若天气闷热或运输距离长，装载量应少些。

● （三）干法运输黄鳝时要保持鳝体湿润和水量适当 ●

如长途运输在途中要适当淋一些水。

长时间贮运途中的主要管理措施是换水。一般 3 ~ 4 小时换水 1 次，保持水质良好和水温不高。如果发现鳝体横浮水面或头部下垂，口吐白沫，以手触鱼体发软不挣扎时，应立即换新水，每次换水量为总水量的 1/3 左右，否则将大量死亡。换水时温差不要超过 5℃。水色变暗是水质变坏的先兆，如发现黄鳝头部伸出水面吐白沫，是水中含氧不足的信号，应及时换水。其次，还可以加点中西药物，在 50 千克水与黄鳝的总量中，可加入碎生姜末 10 ~ 20 克，或食盐 0.1 ~ 0.15 千克，或青霉素 20 万单位等，能提高黄鳝的存活率。在无水可换时，则可搅动黄鳝，以增加水与空气的接触面。一般2 ~ 3 小时 1 次，勤搅拌还可以避免黄鳝互相缠绕。

此外，在运输或暂养黄鳝时还应当注意盛装黄鳝的容器严禁封闭，这是因为容器不透气，容器内水太少，水温偏高，加之容器内蓄养的黄鳝密度过高，黄鳝体表黏液互相摩擦，导致水质污染，水中的细菌大量繁殖，水中含氧量骤然下降。

第二节　泥鳅的蓄养与运输

一、泥鳅运输前的蓄养

为了降低运输期间泥鳅的死亡率，在运输前需要将泥鳅放入清水中蓄养锻炼 1 ~ 3 天，期间不投饵。泥鳅常用的蓄养方法有以下两种。

●（一）木桶蓄养法●

1. 蓄养密度

用 100 升的大木桶可蓄养泥鳅 15 千克。

2. 蓄养方法

先将桶内装上 2/3 的清水，然后将泥鳅慢慢倒入。第 1～2 天，每天换水 4～5 次，2 天以后，每天换水 2～3 次，且换水量为桶内水量的 1/3 左右。

●（二）鱼篓蓄养法●

1. 蓄养密度

容积 40 升的鱼篓在静水中可蓄养泥鳅 10 千克，流水中可蓄养 20 千克。

2. 蓄养方法

先用木桩和绳索将鱼篓固定在蓄养水体中，再将泥鳅慢慢倒入，然后在上面加盖，做好防逃工作（特别是流水蓄养）。静水中，鱼篓要有 1/3 露出水面，保证泥鳅正常呼吸；流水中，水流要缓慢，以防患黏液细菌病。

二、泥鳅的运输方法

●（一）鱼篓（桶）装水运输●

采用鱼篓（桶）装入适量的水和泥鳅，装载于火车、轮船、汽车等交通工具运输。选择好天气，水温以 15～25℃ 为宜，可用此法运输已开食的泥鳅苗种。鱼篓一般用竹篾编制，内壁粘贴油纸，也有用镀锌铁皮制成。鱼篓规格不一，常用规格为口径 70 厘米、篓底部 90 厘米、高 77 厘米。木桶一般规格为口径 70 厘米、底径 90 厘米、桶高 100 厘米；有桶盖，盖中心开有一孔径 35 厘米的圆孔，并配有击水板，其一端由十字交叉板组成，交叉板长 40 厘米、宽 10 厘米、柄长 80 厘米。鱼篓（桶）运输泥鳅苗种要选择好天气，水温以 15 ~ 25℃为宜。已开食的鳅苗起运前最好先喂 1 个咸鸭蛋。其方法是先将煮熟的咸鸭蛋蛋黄用纱布包好，放入盛水的搪瓷盆内，滤掉渣，将蛋黄汁均匀地泼在装鳅苗的鱼篓（桶）中，每 10 万尾鳅苗投喂 1 个蛋黄。喂食 2 ~ 3 小时，更换新水后即可起运。途中要注意鳅苗动向，如浮头说明水中缺氧，应及时换水，每次换水量为总水体的 1/3 左右，换水时水温差应在 3℃以内。若换水困难，可用水板在鱼篓（桶）的水面上轻轻地上下推动击水，以增加氧气。途中还要及时将泥鳅粪便、剩饵、死伤鳅苗捞出，以免水质污染。为了避免苗种集结成团而窒息，可放入几尾规格稍大的泥鳅一道运输。

成鳅近短距离运输可在挑篓容器中装鳅加少许水肩挑运输。挑篓也是由竹篾制成，篓内壁粘贴油纸。篓的口径约 50 厘米、高 33 厘米。装水量为篓容积的 1/3 ~ 1/2，每篓盛水 25 升左右。装苗种数量依规格而定。鳅苗 1.3 厘米以下的装 6 万 ~ 7 万尾，1.5 ~ 2 厘米的装 1 万 ~ 1.4 万尾，2.5 厘米的装 0.6 万 ~ 0.7 万尾，3.5 厘米的装 0.35 万 ~ 0.4 万尾，5 厘米的装 0.25 万 ~ 0.3 万尾，6.5 ~ 8 厘米的装 600 ~ 700 尾，10 厘米的装 400 ~ 500 尾。

● （二）尼龙袋充气运输 ●

此法是用各生产单位运输家鱼苗种的尼龙袋（即二重塑

料薄膜装），装少量水充氧运输泥鳅，可装载于车、船、飞机上进行远程运输。尼龙袋规格一般为 30 厘米 × 28 厘米 × 65 厘米的双层袋，每袋装鳅 10 千克，加少量水。气温较高时亦可加点碎冰，再充入足够氧气，用细绳或橡皮筋扎紧，最后将尼龙袋放入规格为 32 厘米 × 35 厘米 × 65 厘米的硬质纸箱内。每箱放 2 袋，天热箱内四角放 4 只小冰袋降温，然后打包运输。如在 7—9 月运输，装袋前应采取"三级降温法处理"，即从水温 20℃以上的暂养容器中放入水温 18～20℃的容器中暂养 20～30 分钟，再捞入 14～15℃的容器中暂养 20～30 分钟，最后将鳅捞入 8～12℃的容器中暂养 3～5 分钟，再装袋充氧封口，将尼龙袋装车运输。农村运输少量泥鳅也可采用湿蒲包装运的方法进行。

三、运输管理

泥鳅运输途中要注意泥鳅和水温的变化，注意调节水温，防止阳光直射和风雨吹淋引起水温变化，尤其是在到达目的地时，应使运输泥鳅的水温与准备放养的环境水温相近，两者最大温差不能超过 3℃，否则会造成泥鳅死亡。同时在运输途中要及时捞除病、死、伤、残的泥鳅，去除黏液。

第八章　黄鳝、泥鳅的烹饪与食疗

第一节　黄鳝的烹饪与食疗方法

一、黄鳝的烹饪方法

黄鳝肉味鲜美，肉质细嫩，肉厚刺少，含肉率高达65%以上。营养颇佳，含有丰富的蛋白质、脂肪、维生素A和硫胺素、核黄素和钙、磷、铁等营养物质。去内脏后的黄鳝肉有滋阴、补血的功效。黄鳝的烹饪方法很多，如炒鳝丝、爆鳝片、干炸鳝背、红烧鳝段、烩鳝糊等皆为席上佳肴。以黄鳝为主要原料的菜肴较多，主要有烧、炒、爆、烩等基本烹调操作方法。

● （一）　红烧鳝段 ●

此菜为浙江风味，具有肉质酥烂、色泽黄亮、油润味香、适宜性强等特点。

1. 原料

大黄鳝3条，熟肥膘丁25克，水发香菇丁25克。

2. 调料

蒜头30克，白糖15克，葱段、姜片、味精、水淀粉各适量，酱油30毫升，熟猪油75克，麻油10毫升，料酒25毫升。

3. 制作方法

先将黄鳝摔死，斩去头尾，用2根竹筷插入黄鳝咽喉部绞出腹中内脏，洗净，切成5厘米长的鳝段，放入沸水中汆一下，搭起洗净黏液后沥水待用。再将砂锅置旺火上加热，倒入熟猪油烧至7成热时，改用小火煨烧熟透酥烂，汤汁收稠浓，用水淀粉勾芡，淋上麻油后即成。

● （二） 清炒鳝丝 ●

此菜为上海风味，具有滑嫩油亮、香辣鲜甜适口的特点。

1. 原料

鳝鱼丝300克，茭白丝100克。

2. 调料

蒜泥、葱花、姜末适量，料酒20毫升，酱油35毫升，食油100毫升，麻油15毫升，胡椒、白糖30克，味精和水淀粉适量。

3. 制作方法

将鳝鱼除去内脏洗净血污，捞起沥干，切成3厘米长的鳝段或鳝丝，再将炒锅置旺火加热，放入食油烧至7成热，倒入调料和少许清汤，待汤汁稠浓后用少量水淀粉勾芡后淋浇麻油，出锅装盘，最后撒些葱花和胡椒粉即成。

● （三） 水煮鳝鱼 ●

此菜全国多数地方的传统菜肴，香酥适口。

1. 原料

鳝鱼500克，豆芽100克（或其他蔬菜）。

2. 调料

郫县豆瓣 50 克，干辣椒 10 克，花椒 20 粒，葱 100 克，姜末 20 克，蒜末 20 克，肉汤 400 克，盐适量，鸡精适量，生抽 1 大匙，白胡椒，料酒。

3. 制作方法

鳝鱼去头、去内脏（肉档工作人员完成），洗净（清洗时在水中加入盐可去除鳝鱼的黏液——雪鸿先生补充）沥干水分，切段备用。用白胡椒、料酒将鳝段稍腌。葱 80 克切丝 20 克切末，干辣椒用剪刀剪成段。炒锅下 2 大匙油，放干辣椒段和花椒炒成棕红色捞出（关火）剁碎待用。再开大火，将油烧至六成热时下葱丝炒香，下豆芽炒断生，盛出放入大碗底部。炒锅再下 2 大匙油，将油烧至六成热时放入剁碎的郫县豆瓣炒香（中火），加入姜末、葱末、蒜末炒香，加肉汤烧开（大火），下鳝鱼段搅散，待鳝鱼变色后加入盐、生抽、起锅盛入碗内，面上撒上剁碎的干辣椒和花椒。炒锅洗净下 2 大匙油，烧至六成热时淋在鳝鱼段上即可。

● （四）**鳝段烧肉**●

1. 主料

鳝鱼 400 克，五花肉 300 克。

2. 调料

花生油 50 克，食盐 3 克，酱油 15 克，味精 5 克，葱 10 克，姜 10 克，香油 10 克，大蒜 30 克，白砂糖 10 克，白酒 6 克。

3. 制作方法

黄鳝宰杀后，去内脏，去头尾，切段。五花肉洗净切块。鳝段、肉块分别用开水焯一下，捞出洗净。烧热锅，放油，先将大蒜头炸至呈金黄色捞起。锅留少许油，放葱、姜，煸香后倒入肉、酒、酱油、糖、盐，加盖烧至肉六成熟后再将黄鳝先放入，烧至鳝鱼肉酥烂时，用旺火烧至卤汁肥浓似胶汁，加味精、麻油即可。

● （五）清炒蝴蝶片 ●

1. 主料

黄鳝。

2. 调料

青红椒、冬笋、大蒜、胡椒粉、醋、葱、姜、盐、料酒、鸡蛋、淀粉、老抽、白糖、味精、蚝油、油。

3. 制作方法

鳝鱼巧去骨：去内脏的鳝鱼用力拉直（松骨），用刀尖从头部贴脊骨滑至尾部（斜45°角），另一侧用同样方法，再用刀根脊骨斩断取出。将去骨鳝鱼片斜刀切成蝴蝶片。腌制：将蝴蝶片放到碗中，加点盐、料酒、鸡蛋清抓搓均匀，加生淀粉抓搓均匀。腌制10分钟。备料：青红椒切成片，再斜刀切菱形片；冬笋切片；蒜一部分切成片，另一部分切成蒜蓉（较多量）；姜切片，香葱切碎。炸金蒜：先将蒜片在开水中焯一下，过凉水，控干水分。热锅加油（较多量）烧至五成热加入蒜片，炸至蒜片至金黄色，捞出控油。蒜片和蒜油备用。煸鳝鱼片：油（较少量）烧至五成热，将腌制好的鳝鱼片下锅，大火煸炒1～1.5分钟，至微微变白即迅速出锅，撒胡椒粉拌匀。炒配料：热锅热油，大火，加蒜蓉、姜片、葱段炝香后加入青红椒片、冬笋片翻炒，改小火，加点水、料酒、老抽、白糖、味精、蚝油、盐、醋炒。烧：汤汁开后，改大火，加入鳝鱼片炒，加水淀粉色芡收汁，淋上蒜油出锅。装盘后撒上金蒜片即成。

● （六） 干煸鳝背 ●

1. 主料

黄鳝 500 克。

2. 调料

江米酒 20 克，大葱 3 克，姜 3 克，白砂糖 3 克，大蒜 25 克，味精 5 克，泡椒 25 克，酱油 45 克，豆瓣酱 10 克，淀粉（玉米）3 克，花椒粉 15 克，植物油 30 克。

3. 制作方法

将鳝鱼去骨后切成块，下植物油烧热，放鳝鱼块煸干，加泡辣椒、郫县豆瓣酱、花椒粉、醪糟汁（江米酒）、白糖、味精、酱油等作料煮滚，再放些汤，慢慢收干后加葱、姜、蒜片，最后用湿淀粉一收即好。

4. 功效

鳝鱼具有补中益气、养血固脱、温阳益脾、滋补肝肾、祛风通络等功效，适用内痔出血、气虚脱肛、产后瘦弱、妇女劳伤、子宫脱垂、肾虚腰痛、四肢无力、风湿麻痹、口眼歪斜等症。

● （七） 干煸鳝丝 ●

1. 主料

净鳝鱼片 500 克。

2. 调料

花椒粉 3 克，芹黄 125 克，酱油 10 克，蒜丝 10 克，醋 2

克，葱丝 10 克，郫县豆瓣 30 克，姜丝 15 克，川盐 2 克，绍酒 15 克，芝麻油 3 克，味精 1 克，熟菜油 125 克。

3. 制作方法

将肚黄肉厚的鳝鱼片去头和尾尖，顺切成 8 厘米长、0.5 厘米粗的丝。芹黄切成 4 厘米长的段。炒锅置旺火上，下熟菜油烧至八成热，放入鳝丝，反复煸炒至水分将干时，加入绍酒、豆瓣（剁细）、姜、蒜、葱，再煸炒至油呈红色，放入川盐、红酱油、芹黄炒匀，淋入醋、芝麻油，加味精颠翻几下，盛入盘内，撒上花椒粉即成。

● （八） 黄鳝姜汁饭 ●

1. 主料

黄鳝 200 克，粳米 150 克。

2. 调料

酱油 2 克，植物油 15 克，姜汁 20 克，小葱 5 克。

3. 制作方法

鳝鱼去骨、内脏，切丝，放入碗内加姜汁、酱油、植物油拌匀；粳米置盆内，加水上笼大火蒸约 40 分钟，开笼，将黄鳝倒于饭面上，继续蒸 20 分钟，最后加上切碎的小葱，拌匀即可。

4. 功效

益气补血，健脾养胃。适用于气血亏虚、病后虚损、贫血、消瘦等症。

二、黄鳝的食疗方法

祖国医学认为，黄鳝味甘性温，入肾和肺经，具有疗虚损、补五脏、补中益气、除风湿、降血糖等功效。近年来，医学工作者用黄鳝配合中药治疗多种病，取得一定的治疗效果。常用于治疗体虚消瘦、湿热身痒、肠风痔漏、下肢溃疡、内痔出血、气虚脱肛、妇女劳伤、肾虚腰酸等病症。

（1）女子白带过多引起腰膝酸软　用黄鳝400克切成碎段，与白果肉10枚共炖服，连续服用3天，有一定治疗效果。

（2）内痔出血、气虚脱肛　可用党参30克、黄芪20克、黄鳝300克，做成党参鳝鱼羹食用，有补气固脱之功。

（3）腹胀　可取黄鳝300克、大蒜头20克、白酒25克，加水适量，煮熟食用有治疗腹胀的作用。

（4）小儿疳积　鳝鱼3条、香薷10克，分2次炖服。

（5）虚痨咳嗽　黄鳝250克、冬虫夏草3克，煮汤食用。

（6）现代医学研究发现，从黄鳝中提取一种黄鳝鱼素，它对高血糖具有显著的类胰岛素降低血糖的作用　近年来研究利用黄鳝作为治疗糖尿病的有效药物之一。因此，患有糖尿病的人，常吃黄鳝大有裨益。民间常用药鳝疗法，取黄鳝200克、黄精20克，用来煨汤服用来治疗糖尿病，连续服用30天为一疗程，血糖可明显降低。

（7）病后体虚的老人、孕妇、儿童　用黄鳝煨黄芪，或黄鳝冰糖杞子煨汤服。

（8）房事过度引起肾虚腰痛 用黄鳝400克切成碎段，与瘦猪肉150克、山萸肉、核桃肉各20克，共炖汤服，连续服用10天，即能起到治疗功效，体能康复。

切记：死黄鳝不可食用!

第二节 泥鳅的烹饪与食疗方法

泥鳅肉质细嫩鲜美，泥鳅可食部分占整个身体的80%左右，风味独特，且泥鳅的营养价值高，每百克可食部分的蛋白质含量高达18.4～22.6克，比一般鱼类高；还含有脂肪2.8～2.9克，热量100～117千卡，钙51～459毫克，磷154～243毫克，铁2.7～3.0毫克，以及维生素B_1、维生素B_2和盐酸。多食泥鳅有治疗疾病之作用。泥鳅性味甘、平。《医学入门》中称它能"补中、止泄"之功能。《本草纲目》中记载鳅鱼有暖中益气之功效；对解渴醒酒、利小便、壮阳、收痔都有一定药效。它对肝炎、小儿盗汗、痔疮下坠、阳萎、腹水、乳痈等症均有良好的疗效。

取泥鳅放入清水中暂养，在水中滴入一些植物油，每天排污再注入清水，待其体内排泄物排尽后待用。

一、泥鳅的烹饪方法

泥鳅的烹饪方法很多，下面介绍几种泥鳅家常菜的做法。

●（一）泥鳅钻豆腐●

1. 主料

活泥鳅200克（约10尾），豆腐500克。

2. 调料

油菜 2 棵，香菇 3 个，小葱 3 克，花生油 50 克，细盐 5 克，味精 5 克，香油少许，水淀粉少许，高汤适量。

3. 制作方法

将油菜洗涤干净，水发香菇切片后放在开水锅里焯一下捞出，备用；锅里加进凉水，再把整块豆腐和活泥鳅同时放入锅中，加水量以没过豆腐和泥鳅为准；锅里加味精和食盐，盖上锅盖，放微火上慢慢加热，随温度上升泥鳅钻进温度略低的豆腐里，整个鳅体藏入豆腐里至汤烧开，将汤烧开约 30 分钟后即可将豆腐起孔时在锅放入细盐、味精、花生油适量，再烧 1~2 分钟后加香菇葱花生姜末加入适量高汤烧开后，再撒上胡椒粉即成。口味鲜美，营养丰富。

● （二）酒椒焖鳅鱼（泥鳅）●

1. 主料

鳅鱼（泥鳅）300 克，酒椒 30 克。

2. 调料

青椒块 25 克，姜片、蒜片、紫苏叶、酱油、盐、味精、料酒、鲜汤、色拉油各适量。

3. 制作方法

把鳅鱼宰杀洗净，先入热水锅里汆去表面的黏液，捞出来另入油锅煎至微黄半酥（煎时要注意将鳅鱼拍扁）。另取净锅放油烧热，下姜片、蒜片炒香以后，倒入鳅鱼并烹料酒，加酒椒和青椒块炒几下，再掺适量的鲜汤并加酱油、盐、味精等，待撒入紫苏叶并烧至鳅鱼入味时，起锅装盘便好。

● （三）香酥泥鳅 ●

1. 主料

泥鳅半斤，鸡蛋1个。

2. 调料

料酒、盐、姜片若干，面粉或炸鸡粉若干，面包糠若干。

3. 制作方法

将泥鳅养在清水盆中，多次换水，让泥鳅吐净泥水。捞出泥鳅，在盆中加少许盐、料酒和几片生姜，煨0.5~1小时，让调料的味道进入泥鳅。将泥鳅沥干，打散鸡蛋，将面粉、盐加入蛋液中拌匀备用，准备一些面包糠；锅里热油，将泥鳅一只只夹起，在蛋液里拖一下，再裹上一层面包糠，扔到油锅里，开炸；（油有五分热就可以下锅了，太热容易焦。泥鳅个头小，一开始其实也只要炸一两分钟就好了，回炸时再翻四五下应该就行了，全是凭感觉）。全部炸好以后，再入锅回炸1分钟，装盘后撒上葱花即成。

● （四）泡椒泥鳅 ●

1. 主料

泥鳅400克，泡椒150克。

2. 调料

生姜20克，蒜20克，花椒粒10克，葱段少许，酱油适量。

3. 制作方法

把泥鳅放竹筐里用剪刀剪去头，剖开肚，取出内脏洗净，生姜切片，蒜对切备用。炒锅放油烧热，下花椒粒炸香，下姜片，蒜片爆出香味，再把泡椒倒入翻炒出味。再把泥鳅倒入，炒至表面变白，加入适量酱油，清水一碗焖至肉烂。最后加入葱段翻两翻就可起锅装盘即成。

● （五） 酱泥鳅 ●

1. 主料
泥鳅1 000克。

2. 调料
白砂糖50克，酱油100克，大葱100克，姜20克，辣椒粉50克，味精3克，大豆油100克。

3. 制作方法
将活泥鳅放在大白里养几天，待它把脏物吐掉后，再掏内脏，收拾干净。夏日铺在草筐上在阳光下晒干。吃的时候，将干泥鳅鱼用温水快速洗净，控干水。把收拾好的干泥鳅鱼用豆油炸酥后，控油取出。把多余的油倒掉，锅里留底油，再把炸好的泥鳅鱼放入，依次倒入备好的多种佐料炒，两分钟后取出，放晾，即成。

● （六） 炝锅鳅鱼 ●

1. 主料
泥鳅500克，辅料：辣椒（红、尖、干）25克。

2. 调料
盐3克，花椒2克，紫苏叶4克，姜14克，葱白25克，料酒40克，生抽8克，鸡精3克，香油4克，淀粉（玉米）5克，植物油70克。

3. 制作方法
将活鳅鱼（泥鳅）放入盆内加清水养两天，捞出后宰杀，加料酒、盐，剁去头不用；干辣椒切段；紫苏叶切末；姜切丝，葱白切段；碗内放高汤、料酒、生抽、鸡精、湿淀粉、盐兑成味汁；锅内加植物油烧至七成热，放入鳅鱼炸熟捞出；待油重新升至七成热时放入鳅鱼并炸成金黄色，捞出；锅内加植物油烧热，放入干辣椒、花椒爆香，捞出在菜墩上铡成末；锅内加植物油烧至五成热，放入姜丝、葱白段、紫苏叶末炒香，加入鳅鱼，烹入味汁推匀，下香油，撒红椒和花椒起锅装盘即成。

●（七）焦炸鳅鱼●

1. 主料

泥鳅 500 克，红辣椒 15 克，紫苏叶 5 克，香菜 50 克。

2. 调料

植物油 70 克，料酒 50 克，盐 5 克，白砂糖 3 克，醋 15 克，味精 1 克，香油 15 克，大葱 10 克，姜 10 克，大蒜 10 克，淀粉（豌豆）5 克，花椒粉 1 克。

3. 制作方法

泥鳅用清水洗净，沥干水分，装入陶器内，用料酒、盐腌死（腌时要盖严，以防蹦走），用漏勺沥去水分。小红辣椒、葱、姜、蒜和紫苏都切成末；高汤 50 毫升、白糖、味精、醋、葱、香油和湿淀粉 10 克（淀粉 5 克加水 5 克）兑成汁。香菜摘洗净。将油烧到七成热时，下入泥鳅炸熟，捞出后放在砧板上，用小刀切去头尾除去内脏。食用时，将油烧到六成热时，下入泥鳅，用小火炸焦酥透捞出。锅内留 50 克油，下入花椒粉、红辣椒、姜、蒜、紫苏，并加盐炒一下，随倒入兑汁，颠几下，装入盘内，拼上香菜即成。

● （八） 黄焖泥鳅●

1. 主料

泥鳅 600 克，火腿 50 克。

2. 调料

黄酒 10 克，盐 5 克，大蒜 100 克，味精 3 克，小葱 30 克，白砂糖 10 克，姜 20 克，酱油 30 克，猪油（炼制）60 克。

3. 制作方法

分别用剪刀把每条活泥鳅从腹部挑开，清除内脏，放入容器；洗净的泥鳅加精盐、黄酒拌匀，腌约 10 分钟；火腿（云腿）切为细条；葱切为寸段，姜切为片；炒锅置旺火，注入熟猪油，烧至六成热，放入泥鳅，炸至淡黄色，用漏勺捞出；再将蒜瓣放入炸出香味捞出，与泥鳅一齐放入砂锅内；炒锅置中火，注入熟猪油，烧至七成热，放入葱、姜炝锅，再放入云腿、酱油 10 克、甜酱油 20 克、白糖、精盐、胡椒粉炒香，注入肉清汤 500 毫升烧沸，舀去浮沫，倒入装有泥鳅的砂锅中；砂锅上旺火烧开，移至小火上炖 30 分钟（盖上盖子）；待汁水收至快干时，加入味精，拣去葱、姜，盛入盘中即成。

● （九） 红烧泥鳅●

1. 主料

泥鳅 400 克。

2. 调料

猪油 3 汤匙，火腿 10 克，黄酒 1 汤匙，酱油 2 汤匙，葱

1 根，姜丝 10 克，干朝天椒 4 个，砂糖 1 茶匙，蒜 5 瓣，精盐适量，鲜辣粉 1 茶匙。

3. 制作方法

将泥鳅剪开腹部去肠，洗净沥干水，加入黄酒、酱油、葱段、姜丝腌渍 15 分钟。锅内放入猪油，油五成热时，放入干朝天椒，微炒，加入泥鳅翻炒。八成熟时放入盐、糖、鲜辣粉、蒜瓣，继续翻炒至熟，装盘，撒上香菜即成。

● （十） 火腿炖鳅汤 ●

1. 主料

泥鳅 250 克，火腿 50 克，花生仁 100 克。

2. 调料

姜 2 片，细盐 10 克，胡椒粉 0.5 克，味精 7.5 克，熟油 25 克，黄酒 15 毫升，小葱 3 克，清水 2 升。

3. 制作方法

先将活泥鳅放入竹筐内浸入开水中烫死后用冷水洗去黏液，剖去内脏和鳃洗净。再将火腿洗净切丝，小葱切成葱花。然后用 70℃ 热水浸花生仁约 5 分钟后去花生衣备用。

烹调方法是先将熟油 25 克放入锅内旺火烧热放入泥鳅煎熟，加入黄酒和清水，再放入姜片、花生仁和火腿丝用旺火煮沸 10 分钟后用慢火炖透，汤约存 1 500 克时，放入细盐、味精，煮几分钟再加入胡椒粉、葱花装盘，即可食用。

二、泥鳅的食疗价值

泥鳅味道鲜美，营养丰富，含蛋白质较高而脂肪较低，能降脂降压，既是美味佳肴又是大众食品。泥鳅可食部分占整个鱼体的80%左右，高于一般淡水鱼类。泥鳅含脂肪成分较低，胆固醇更少，是高蛋白、低脂肪食品，含一种类似甘碳戊烯酸的不饱和脂肪酸，有利人体抗血管衰老，有益于老年人及心血管病人。

泥鳅的食疗价值比较广泛，主要有以下几个方面。

● （一） 养肾生精 ●

泥鳅中含有一种特有的氨基酸，具有促进精子形成的作用。成年男子常食泥鳅有养肾生精、滋补强身之效，对调节性功能有较好的帮助。

● （二） 补钙壮骨 ●

泥鳅富含微量元素钙和磷，经常食用泥鳅可预防小儿软骨病、佝偻病及老年性骨折、骨质疏松症等。将泥鳅烹制成汤，可以更好地促进钙质吸收。

● （三） 补血补铁 ●

泥鳅富含多种蛋白质和微量元素铁，对贫血患者十分有益。

● （四） 保护血管 ●

泥鳅中含有尼克酸，能够扩张血管、降低血液中胆固醇和甘油三酯浓度，可以调整血脂紊乱，减缓冠脉硬化程度，降低心肌梗死等病的发病率，有效预防心脑血管疾病。

● （五） 抗衰消炎 ●

泥鳅中含有的一种不饱和脂肪酸，能够抵抗血管衰老，对老人很有益。其体表的滑涎还具有抗菌、消炎的作用。

三、泥鳅的食疗方法

● （一）慢性肝炎 ●

取泥鳅净化后入锅用文火焙干，研成泥鳅粉末，每次服用 5 克，用温开水送服，每日服 3 次。可治疗慢性肝炎，能加快黄疸消退和降低转氨酶，对慢性和迁延性肝炎患者的肝功能恢复也有明显的改善作用，为保肝护肝药食兼优的食品。

● （二）补脾、肾和健胃 ●

取活泥鳅 100～200 克，用花生油煎至透黄后加入水和盐，煮熟后食用。

● （三）肾虚引起的阳痿 ●

用泥鳅数条、河虾 30 克，加米酒 100 毫升及适量水共煮，临睡前连服半个月。

● （四）小便不畅、湿热下淋 ●

用适量的泥鳅，与豆腐同煮食。

● （五）湿疹丹毒、关节炎（外治法） ●

鳅鱼分泌的黏液有强力抗菌、消炎作用。外治时将泥鳅洗净后放入盆内，用白糖适量撒在活泥鳅身上，稍待片刻，取泥鳅体表黏液与白糖混合，然后取混合液外敷患处。

第九章 **黄鳝、泥鳅人工养殖
成功案例**

黄鳝养殖成功案例

●案例1　黄鳝成就致富梦——"浙江鳝王"许忠明
创业纪实●

一叶扁舟，一排排错落有致的网箱，交织成了一片充满
生机的水上世界。2月25日，在许忠明的大众黄鳝养殖基地，
记者看到一个个无泥养殖的黄鳝养殖网箱整齐排列着。"我今
年养殖150多亩水面的黄鳝，网箱2 500个，一年下来预计纯
收入在150万元以上。"正给黄鳝投放饵料的"养鳝大王"许
忠明高兴地说。

起步

2万元起家走向致富道路。

俗话说"万事开头难"。在创业之初，一无住处、二无资
金、三无技术。说起创业的经历，"养鳝大王"许忠明仍止不
住掉下激动的眼泪。2007年6月的1天，许忠明从网络上看
到湖北人养黄鳝致富的新闻，心有所动，第2天就乘车15小
时去湖北省仙桃市张沟镇登门求教。养黄鳝的老板被他的精
神打动，就悉心传授技术。

"去了那里，我看到每家每户都养黄鳝，整个湖北黄鳝年
产值近20亿元。"许忠明告诉记者，湖北的黄鳝主要销往浙

江、江苏和上海等地，这更坚定了他养鳝的决心。湖北取经回来后，许忠明拿出了家里的 2 万元积蓄来到长兴承包了 1 亩农田，铺设了 33 个网箱，正式开始他的黄鳝致富之梦。

"这头次搞黄鳝养殖有钱赚吗？"面对记者的提问，许忠明尴尬地答道是亏本的。不过，他并没有丧失信心，他找来书籍，向专家求助，并得知养殖失败的原因是鱼塘网箱太密集，太急于求成导致黄鳝大面积死亡。

据许忠明介绍，10 多年前，湖州农村也有很多农民尝试养过黄鳝，也有成功的例子，但最后都以失败告终。既然都失败，他为何还要冒险呢？"黄鳝的市场销量很大，但大都是来自湖北的。很多湖州人都知道养黄鳝赚钱，但都认为养不好。"许忠明告诉记者，经过一段时间的琢磨，他总结出了养鳝的三大要点：放苗时的天气、苗种的选育和黄鳝驯食方法。

"养殖可是要技术的活，养黄鳝比带孩子还要细心。"这是许忠明在实践中的总结。据他介绍，平时训食要及时添置药品，以前也基本上靠吃点小鱼，但后来他发现要在有限的时间内如何让黄鳝快速长大，还要补充有营养的饲料。于是，他自己进行饲料配方，做到了货真价实，自己进行防疫治病，及时周到。由于技术全面，又脚踏实地，许忠明的养殖基地不仅很少发生疫病，养殖成本也低得多。

创业

300 万元办全省最大养殖基地。

"我现在的重心主要是放在妙西的 150 亩养殖基地，筹建湖州广源特种水产养殖有限公司"。昨天下午，记者在许忠明的带领下驱车来到吴兴区妙西镇后沈埠村，工人们正紧锣密鼓地开挖农田。"这里将成为全省规模最大的黄鳝养殖基地"，许忠明兴奋地告诉记者，这个养殖基地共投资 300 多万元，集立体化养殖，包括养鸡场、蚯蚓养殖、果树种植、养殖培训、餐饮、垂钓、观光等于一体。

在 2014 年 6 月，他将把第一批鳝苗放进 6 平方米的网箱，共 2 500 个网箱，预计在 11 月销售，年产量在 15 万斤左右，销售额预计达 500 多万元，净利润预计在 150 万元以上。

依靠科学、遵循市场规律是许忠明投身黄鳝养殖事业的原则。养殖基地建成后，为迅速掌握先进的养殖技术，他购买了黄鳝养殖专业的科技报刊、图书和光盘刻苦钻研，不断总结书本上的知识，并在实践中不断吸收他人的长处，改进管理方法、应用新科技，先后到四川、湖北、江西各地规模较大的黄鳝养殖场考察学习。他还想方设法从中国农业科学院得到一些技术资料，并与黄鳝养殖专家建立长期联系，每当遇到技术难题，都可以通过电话及时向专家求教。此外，许忠明还积极自学鳝病防治知识，了解、掌握鳝病分析控制病情的专业技术。在科学管理和喂养下，许忠明的黄鳝成活率高达 99%。

在销路上，许忠明逐步摸索出了一条产、供、销有序运转的模式，他用的黄鳝饲料全部采用优质全价饲料，由企业送货上门。如今，湖州、杭州、上海的七八个农贸市场大客户每次总是优先到他的养殖基地收购黄鳝，不仅全部实现现金结算，而且价格较高。许忠明还有一个把握市场机遇、高价位出售的秘诀：避开旺季找销路。这使得他在市场上连战连捷，赢得市场高回报。

创业是艰苦的。为了事业，许忠明一家人多年省吃俭用。创业也是有风险的，有人不理解，也有人劝阻过许忠明。他这样说："闯着干，不干实在不行。而用心去干就会成功，爱拼才会赢。"在 2013 年四川的 1 次水产养殖论坛上，农业部的一位专家说，在当今全民创业的时候，许忠明是一个楷模，是广大农民朋友的榜样。

创新

首创"黄鳝两年段养殖法"。

几年前，黄鳝养殖技术是从湖北学的，黄鳝苗种是从安徽买的，如今许忠明却自己研究创新了一套"黄鳝两年段养殖法"，这套养殖模式得到了农业专家的一致肯定。

随着网箱养鳝的不断发展，养殖技术日益成熟，创新养殖模式已成为提高网箱养鳝效益的重要手段。用小网箱经过两年时间养成大黄鳝获得高产、高效，这种模式就是两年段的养殖模式。即当年收购鳝种存网箱中饲养到次年底出售，与一年养鳝模式相比，虽然增加了一年的养殖时间，但提高了成鳝规格，提升了鳝鱼的品质和价值，更能适应市场需求。

2008 年，许忠明进行了 50 口网箱的黄鳝养殖试验，通过一年半的养殖，年底起捕上市，黄鳝规格均在 0.3 千克/尾，每平方米增重 8 千克，每平方米纯收入 180 元。2009 年将两年段网箱养鳝模式进行推广，绝大部分养鳝户采用这种模式都获得了很好的经济效益，亩均纯收益基本在 1 万元以上。在当年，许忠明又大胆地承包了 60 亩农田，在长兴建立养殖基地。

许忠明介绍说，在 8 月份进苗种，通过网箱自然越冬，在翌年的 4—5 月开始喂食，到 10 月都能长到 250 克以上，大的有 500 克以上。

许忠明养黄鳝用的都是小网箱，6 平方米的面积。开春的时候，一个网箱投放 5 ~ 6 千克的黄鳝苗，一年下来，一个网箱能有 15 ~ 20 千克的产量，最小的规格也有 100 ~ 150 克。一个网箱里，成品黄鳝和黄鳝苗的比例一般是 2 倍，高一点的是 3 倍，由于采用生态养殖的方法，未出现死亡现象。

和湖北地区黄鳝养殖大量投喂专业黄鳝饲料相比，许忠明黄鳝养殖采用的是一种生态养殖方法，加上采取适当的预防措施，黄鳝很少生病，死亡的现象就更罕见了，还能保持水体的良好状况，按照许忠明的话说，"这就是一种平衡，从水里不断地获得财富，却一直能保证水环境的良好状况，细水长流。"

与许忠明交谈，他使用频率最高的是 2 个词："生态养殖"与"科学养殖"。

许忠明指着长兴的养殖基地说，鱼塘里有 1 000 多口网箱。他根据自己的生态养殖办法，在鱼塘里投放了鲢鱼。鲢鱼喜欢吃浮游植物。鱼苗入池后，就像一台台"滤食器"，大量吞食浮游生物，扮演"清洁工"的角色，遏制水体富营养化，使一池碧水常清，养鳝与治水达到了完美结合。

"要把这个养殖基地搞好，没有规范的操作规程可不行。"许忠明快人快语。他随即拿出一本《标准化生产黄鳝、泥鳅养殖日志》，一五一十地说："昨天，我给 480 口网箱投放了 105 千克鲜鱼、30 千克活蚯蚓、12.5 千克冷冻虾。"

前些年，社会上有一种传言，个别养殖户用含有激素的饲料喂养黄鳝。许忠明对此嗤之以鼻。

针对人们的疑虑和担心，许忠明在接受采访时说："食用他养的黄鳝，绝对安全可靠。"他介绍了发展生态养鳝业的做法：

——黄鳝的饵料实行了严格的认定准入制度。黄鳝的饵料由两部分组成，一是白鲢，二是颗粒饲料。鲜活的白鲢均为当天采购，当天搅成肉浆后，直接投放网箱。

——黄鳝的用药与违禁药物绝缘。30 多种违禁药品被彻底隔离在养殖基地以外。

回报

免费为家乡人传授养殖经验。

在 3 天的采访中，许忠明给记者的感觉是一个非常善良、爽快的男人。在 2 个养殖基地的采访中，他对记者说的最多的是"很多湖州人都知道养黄鳝赚钱，但都怕养不好。我是湖州人，我可以为家乡的农民兄弟免费传授我的养殖经验。"

"说实话，和农村里比，我现在认为自己已经赚到钱了，我是农民的儿子，我们现在市场上吃到的大多数是湖北人的黄鳝，我们完全有信心养好黄鳝。"许忠明告诉记者，前几年，老乡纷纷要跟他讨教技术，他再三拒绝。当时他拒绝的理由是自己还在摸索阶段，自己可以亏钱，但不能害了老乡。如今就不一样了，许忠明的黄鳝养殖技术成功被认可了，他是主动把自己的养殖经验传授给老乡，并不收一分钱的技术咨询费。

许忠明致富不忘家乡人，他把学到的技术和养殖经验毫无保留的传授给村民。2013 年，许忠明与四川大众养殖公司合作成立湖州基地培训中心，接受全国各地农民朋友的咨询。如今，全国已有吉林、辽宁、四川等 14 个省的 1 200 多名学员从他这里学到了黄鳝养殖经验。

"许老板这个人很实在，他自己发财了，还不忘我们这些人，他把所有的养殖经验毫无保留地传授给我。"村民史可林激动地告诉记者，他在 10 多前就养过黄鳝，后来死了很多，当年亏了 5 万多元。2008 年，他看到许忠明的网箱养殖技术后，认为很科学，就向他拜师学艺。两年来，老史在许忠明的帮助下，靠养黄鳝已赚了 10 多万元。

在昨天下午采访结束时，许忠明又再次向记者提了承诺："所有的湖州老乡看到我的黄鳝致富报道后，可以通过到你们记者那里报名，我会无偿向老乡们传授我的黄鳝养殖经验，为家乡人民做点贡献，也希望家乡人民早点致富，也希望以后在市场上看到的黄鳝是我们湖州人养殖的。"在这里，我们的农民朋友如果想拜许忠明为师养殖黄鳝，可以拨打本报的帮忙热线——《小谢热线》进行咨询。

辛勤的汗水孕育丰硕的果实。许忠明的黄鳝养殖业由初养时的 30 只网箱发展到今天的 3 000 多只，犹如一棵幼苗长成了参天大树，是靠他勤劳吃苦，靠技术科学经营实现了发家致富的梦想，成了一位敢想敢干、远近闻名的养殖能手。

谈及今后的发展，许忠明兴奋地告诉记者，为了联合更多的黄鳝养殖同行，共同交流养殖技术，统一提供产供销服务，共同抵御市场风险，他正在牵头组建黄鳝养殖协会，相信不久的将来，湖州的黄鳝养殖产业在许忠明的带领下，一定会越办越红火。

创业艰难　乐在其中

"有眼光、能折腾、懂行道、步不停"，提起许忠明的创业，熟悉他的人都这么说。在养殖黄鳝的道路上他遇到过种种困难和挫折，但他怀着必胜的信念，坚强地挺了过来，完成了从一个门外汉到养鳝能手的跨越。在致富奔小康的道路上，许忠明不畏艰辛，百折不挠，几年来，靠养殖黄鳝取得了可观的经济效益，奏出了百姓创家业的时代最强音。在他成功的路上，有挫折、打击，更有欢笑和喜悦。

3年，对人的一生来说很短暂，但对于许忠明来说却很漫长。因为在这3年中，他吃尽了千辛万苦，没睡过一个安稳觉，常常深夜起床观察黄鳝的情况，凌晨再捕捉到市场去销售。为了能卖个好价钱，许忠明不但跑市场了解行情，还自己用汽车送货。

3年的磨炼，许忠明从黑土地上收获了希望。如今，许忠明的养殖技术在全国出了名，经过几年的努力打拼，他承包的150亩鱼塘以后将形成了集养鱼、鸡、餐饮、观光等为一体的规模养殖基地。

创业的道路上充满了艰辛与坎坷。许忠明表示，他决心沿着自己选择的路走下去，通过学习和掌握更多的养殖技术，在自身不断发展壮大的同时帮助更多的家乡人脱贫致富。

泥鳅养殖成功案例

●案例2　安徽省合肥市肥西县有两个村养泥鳅养出"产业链"，产品远销国内外。●

"池塘的水满了，雨也停了，田边的稀泥里到处是泥鳅……"这句歌词在肥西就有"现实版"，两个村的村民把自家本塘改成"泥鳅养殖合作社"，每年把数以万吨计的泥鳅销往国内外，渐渐形成了全省最大的泥鳅产业链。

村民变成养殖工人

昨日，记者来到肥西县花岗舒安村的泥鳅产业示范园，一排排扎着围网的狭长池塘映入眼帘。示范园负责人倪燕在池塘边走着，水面突然出现一片波纹，记者仔细一看，才发现那是许多小泥鳅在游动，用网一兜，就能兜起一窝小泥鳅。

"泥鳅被称为'水中人参'，这个示范园目前占地1 000亩，由一个个面积3.5亩的池塘组成。"倪燕说："2012年，每个池塘里投放了500千克泥鳅苗，2013年5月份泥鳅就长成了，我们一网下去，就要捞150多千克泥鳅，要几个壮汉一起发力，才能把一网泥鳅拖上来。"倪燕说，四合村的泥鳅示范园还在继续扩大，将达到6 000亩，而示范园内的工人其实就是当地的百姓。

"泥鳅咋样了？那个美国货能长到250克吗？"在肥西山南吕楼村，村民见面的问候语也离不开泥鳅。村民们自豪地告诉记者，吕楼村和舒安村一样，都是"泥鳅村"。在吕楼村里，也有一个占地1 000亩的泥鳅示范园，村里的300多人都成了养殖"工人"，在示范园周围，很多村民建起了大大小小的养泥鳅池塘。

村民介绍，两个泥鳅村的致富，多亏了倪燕这个打工妹。

打工妹打造产业链

倪燕说，小时家里很穷，初中就辍学了，为了生存，她在瓜子厂打过工，在外地当过会计，还在咖啡店里当过女招待。经过近 10 年生活磨炼后，倪燕开始自己创业。

2010 年，倪燕在吕楼村承包了 1 000 亩的土地养泥鳅。"我的示范园统一种苗供应、统一饵料供应、统一技术服务"，倪燕说，"很多村民直接变成了我们示范园内的养殖工人。"泥鳅长成熟后，一些怀着创业激激情的大学生就在省城统一销售泥鳅。

随着"泥鳅"致富效益显现，一些在养殖场打工的村民也开始自己养泥鳅。张劲松就是其中之一。他在倪燕的示范园学习养殖技术后，看到养殖泥鳅利润可观，就自己挖了两口塘。2012 年 6 月份，他投放苗种 3 000 千克，10 月份成熟泥鳅达到 9 000 多千克。

"吕楼村好多人都仿效倪燕的示范园养殖泥鳅"，肥西畜牧水厂局的相关人员说，"零散户养泥鳅的总面积都达到了 500 多亩；在吕楼村，现在家家都离不开泥鳅，都被称为'泥鳅村'了。"

目前，在倪燕的带动下，舒安、吕楼两个"泥鳅村"的泥鳅养殖面积超过 7 000 亩，成为全省最大的泥鳅产业链。两个"泥鳅村"的泥鳅除供应国内市场外，还被远销到韩国、日本。

附录一　测量水产动物养殖水域面积、体积的方法

　　为了合理密养和准确施用药剂防治水产动物病害，必须测量计算鳝、鳅、鱼养殖水域的面积和水体体积以及鳝、鳅、鱼病的用药量。这样才能避免浪费和减少不应有的损失，提高产量。现分别将上述的计算方法简介如下。

一、养殖鳝、鳅、鱼的水域面积测定方法

　　长方形或正方形的养殖水域面积等于鱼塘长度乘以鱼塘宽度。若鱼塘为三角形，其面积等于底边乘高除以 2。若遇到不规则的养殖水域，可先将鱼塘划成若干个三角形，再求各个三角形的面积。各个三角形的面积之和，即是不规则养鱼塘的总面积。

二、养殖鳝、鳅、鱼水域水面积的测量方法

　　长方形或正方形的养殖水域，只要测量水域水面的长度和宽度（单位：米）即可，公式：水面面积（单位：平方米）=水面长度×水面宽度。若是圆形的养殖水域，只需测水域水面积的半径即可，公式：水面积（平方米）= $\pi \times R^2$（注：π 为常数，即 3.1416；R 为半径）。若遇到形状不规则

的鳝、鳅、鱼养殖水域，先将水域划成若干个三角形来测量。如已知三角形的三边长度（单位：米），求三角形的面积，其计算公式有以下两种：①设 a、b、c 为三角形边长，$s = (a + b + c) \div 2$，三角形面积 $= \sqrt{s(s-a)(s-b)(s-c)}$。②已知三角形三边的长度，按其长度比例，用圆规绘出图后再用下列公式计算，三角形面积 $= 0.5 \times h \times b$（注：$h =$ 高，$b =$ 底边）。在求得每个三角形面积之后，把每个三角形的面积加起来的总和，即是该水域的水面面积（单位：平方米）。

三、池水体积测量方法

①养殖水域水深测量方法。测量养殖水域水深度，先要了解水域底是否平整，如果水域的水底深度不一，还应了解其不同深度各占全池面积的比例是多少，然后再按其比例在较深的区域测量几点，在较浅的区域测量几点，将所量得的深度加起来，再除以测量水深的次数，即是平均水深（米）。②水域体积的计算公式。水域水体积（立方米）＝池水面积（平方米）×平均水深（米）。

水产动物养殖水域施用药物剂量的计算方法

　　一般施用药物剂量用以下公式：用药量＝水域水体积（立方米）×需用药物的浓度。例如需用药量单位是克，农村习惯用药量单位是两，可以按克换算，1千克＝1 000克、1市两＝50克。需用药量（克）÷1 000＝千克（用药量），需用药量（克）÷50＝1市两。施用药物时，还应了解养殖水域水的水质肥瘦、洁净与污染情况，一般地说，水肥的鳝、鳅、鱼水域用药的功效较差，可以通过试验适当增加用药量。施放外用药必须根据养殖鳝、鳅、鱼水域面积和水深情况，计算水域水的体积；内服药物必须根据养殖水域水体积中养殖鳝、鳅、鱼的体重或尾数计算出用药量。这样既安全又能有效地发挥药物的作用。

主要参考文献

［1］高本刚．高松，特种食用动物养殖新技术［M］．北京：中国农业出版社，1999. 5.

［2］徐兴川．黄鳝集约化养殖病害防治新技术［M］．北京：中国农业出版社，2003. 3.

［3］邹叶茂，向世雄．黄鳝养殖新技术［M］．北京：化学工业出版社，2013. 1.

［4］罗宇良，曹克驹．黄鳝高效养殖关键技术［M］．北京：金盾出版社，2013. 7.

［5］高智慧．黄鳝、泥鳅养殖实用大全［M］．北京：中国农业出版社，2013. 8.

［6］徐在宽，徐青．泥鳅高效养殖技术精解与实例［M］．北京：机械工业出版社，2014. 1.

［7］李典友，高松，高本刚．水产生态养殖大全［M］．北京：化学工业出版社，2014. 3.